Gerhard Zeilinger

MESSER SELBST SCHMIEDEN

stv

GERHARD ZEILINGER

MESSER SELBST SCHMIEDEN

VOM ROHEN METALL ZUR FERTIGEN KLINGE

Leopold Stocker Verlag
Graz – Stuttgart

Umschlaggestaltung: Werbeagentur Rypka GmbH, 8143 Dobl/Graz, www.rypka.at

Umschlagabb.: Messerschmiede Zeilinger

Bibliografische Information der Deutschen Nationalbibliothek
Die Deutsche Nationalbibliothek verzeichnet diese Publikation in der Deutschen Nationalbibliografie; detaillierte bibliografische Daten sind im Internet unter https://www.dnb.de abrufbar.

Hinweis
Dieses Buch wurde auf chlorfrei gebleichtem Papier gedruckt. Die zum Schutz vor Verschmutzung verwendete Einschweißfolie ist aus Polyethylen chlor- und schwefelfrei hergestellt. Diese umweltfreundliche Folie verhält sich grundwasserneutral, ist voll recyclingfähig und verbrennt in Müllverbrennungsanlagen völlig ungiftig.

Auf Wunsch senden wir Ihnen gerne kostenlos unser Verlagsverzeichnis zu:
Leopold Stocker Verlag GmbH
Hofgasse 5 / Postfach 438
A-8011 Graz
Tel.: +43 (0)316/82 16 36
Fax: +43 (0)316/83 56 12
E-Mail: stocker-verlag@stocker-verlag.com
www.stocker-verlag.com

ISBN 978-3-7020-1950-1

Layout und Repro: Werbeagentur Rypka GmbH, 8143 Dobl/Graz

INHALT

VORWORT

Schmieden? Jeder kennt es, sei es aus alten Märchen und Geschichten, und niemand weiß Genaues darüber ...

Wir kennen aus den Sagenbüchern unserer Kindheit vielleicht noch Wieland den Schmied, der das Schwert Mimung schmiedete, oder die Zwerge der Nibelungensage, Meisterschmiede, die Siegfried dem Drachentöter seine Waffe schenkten.

In modernen Hollywoodfilmen wie „Kill Bill" sehen wir erstaunliche Dinge über die Kunst des Schwertschmiedens (Sie glauben gar nicht, wie viele Anfragen wir hatten, ob man nicht in einem Wochenendkurs ein „Hattori-Hanzō"-Schwert anfertigen könne ...), ganz zu schweigen von „Game of Thrones", und natürlich gibt es auch in J. R. R. Tolkiens „Herr der Ringe" wunderbare Klingen, von geheimnisvollen Zwergen geschmiedet, zu bewundern.

Genaueres über die – in früheren Zeiten – seltsamen, oft rußigen Gesellen in ihren dunklen Schmieden erfährt man aber nicht. Der Schleier des „Geheimnisvollen" umgibt diese uralte Technik zur Formgebung, ja um Stahl und Eisen „zum Leben zu erwecken", noch heute.

So erlauben Sie, verehrte Leserschaft, mir, Sie auf eine kurze Zeitreise – natürlich in unserer handgeschmiedeten Zeitmaschine – zu entführen. Dieser Exkurs über die Ursprünge des Schmiedehandwerkes ist für die Herstellung der geplanten Klinge nicht zwingend notwendig, Sie können ihn jederzeit überspringen. Da Sie sich aber, so scheint es, dafür entschieden haben, selbst ein Messer zu schmieden und es nicht im nächsten Laden käuflich zu erwerben oder bei einem Versandhändler zu beziehen, darf ich ein gewisses Interesse am glühenden Metall voraussetzen. Also, bitte einsteigen ... Es geht direkt zurück in die Epoche des sogenannten Holozän, und hier in die Periode der Erdgeschichte, die Jungsteinzeit genannt wird. Dort begann vor ca. 4300 Jahren, was hier in unserer Zeit hoffentlich bei Ihnen mit einer tollen Klinge enden wird.

Erstaunlicherweise sind sogar Perioden der frühen Menschheitsgeschichte nach Entwicklungsstufen der Metallbearbeitung eingeteilt! So kennen wir die Kupferzeit, die Bronzezeit und natürlich die Eisenzeit. Wir beginnen unsere kleine Reise in der sogenannten Kupferzeit. Regional naturgemäß etwas differierend entdeckte der Mensch der Jungsteinzeit vor ca. 4300 Jahren – möglicherweise als „Nebenprodukt“ beim Brennen von Töpferwaren – das Metall Kupfer. Durch das Erhitzen von erzhaltigem Gestein auf relativ hohe Temperaturen mittels Holzkohle in einfachen Lehmöfen entsteht durch eine chemische Reaktion Kupfer: ein Metall, leicht zu bearbeiten, auch noch im erkalteten Zustand formbar, wunderbar für Schmuck und einfachere Gerätschaften geeignet, in Spangenbarrenform gegossen laut Archäologen der Universität Leiden möglicherweise ein erstes „genormtes“ Tauschobjekt beziehungsweise Zahlungsmittel. Allein, für die Herstellung von Waffen – wie Klingen, Äxten oder Speerspitzen – war dieses Metall auch im kaltverfestigten Zustand (Metalle – und hier besonders Kupfer – können durch Hämmern, Biegen und Dengeln bei einer ausgekühlten Gefügestruktur durch höhere Oberflächenspannung einen etwas höheren Härtegrad erreichen) nicht wirklich geeignet. Die Schneidhaltigkeit (ein wichtiger Parameter bei der Bewertung einer Schneide, der uns sagt, wie lange eine Schneide schnitthaltig bleibt – wie lange sie „scharf“ ist) ist im Vergleich zu Bronze und natürlich zu Stahl sehr gering, die Schneide „rollt“ sich ein, ein permanentes Nachschärfen ist notwendig. Nichtsdestotrotz wurden bei Ausgrabungen viele Waffen gefunden. Die bekannteste ist sicherlich die Bronzeaxt einer Eiszeitmumie, gefunden in den Ötztaler Alpen – die des Ötztalmenschen.

Und während wir mit unserer Zeitmaschine langsam wieder in Richtung unserer Gegenwart unterwegs sind, bemerken wir plötzlich: Die Uhr zeigt ungefähr das dritte Jahrtausend v. Chr. an, Zeit für ein wahrhaft epochales Ereignis. Irgendwo in der Gegend des heutigen Kaukasus (andere Quellen sprechen vom vorderen Orient) fügt ein Priester, Druide und Schmied – damals war das noch ein und dieselbe Person – zwei flüssige Metalle, nämlich Kupfer und Zinn, geschmolzen in einem primitiven Lehmofen, in einer tönernen Gussform zusammen und erhält eine zuvor unbekannte Metalllegierung: Bronze.

Wie genau es dazu kam, werden wir wohl nie erfahren. Die Auswirkungen waren jedoch langfristig gravierend für die damaligen Gesellschaftsstrukturen. Nun war das natürlich kein abrupter Wechsel, keine Zäsur, welche quasi „über Nacht“ eine neue Ordnung hervorbrachte. Diese Erfindung, wenn man so möchte, fand mit doch erheblichen zeitlichen Verschiebungen in ganz Europa und dem Nahen Osten statt. Aufgrund der Tatsache, dass die Lagerstätten der beiden Grundstoffe für die gesuchte Bronzelegierung, Kupfer und Zinn, weit voneinander entfernt lagen und noch heute liegen, kam es zur Herausbildung „globaler“ Handelsbeziehungen. Es war nun aber auch möglich, Reichtümer in Form von transportierbaren Bronzebarren anzuhäufen, und somit kam es zu sozialen Differenzierungen innerhalb der Sippen. Es bildeten sich die ersten Dynastien heraus, und es kam zur Bildung einer Ober- und einer Unterschicht.

Und vor allem gab es nun die Möglichkeit, weitaus effektivere Waffen herzustellen. Die Entwicklung des Bronzeschwertes führte vermutlich auch zu einem Anstieg der kriegerischen und räuberischen Auseinandersetzungen. Unaufhaltsam verdrängte das neue „Wundermetall“ Bronze das bisher

allgegenwärtige Kupfer. Während in der sogenannten Frühbronzezeit noch Kupfer mit wenigen Anteilen Zinn und Arsen vermengt wurde – es gab zu Beginn dieser Periode viele regionale Mischversuche und somit auch viele mehr oder weniger geeignete Arten von Bronze –, wurden später die notwendigen Legierungsbestandteile (eben Kupfer und Zinn) verfeinert und das Mischverhältnis perfektioniert (neun Teile Kupfer, ein Teil Zinn). Damit wurde der erste metallurgische Optimierungsprozess in der Geschichte der Menschheit vollzogen. Die Ergebnisse waren sehr, sehr erstaunlich: Die Schwerter und Dolche, welche wir heute in unseren Museen bewundern können, sind tatsächlich Meisterwerke und legen Zeugnis ab von wahrlich hoher Handwerkskunst. Dolche mit Hohlschliff-Schneidfasen; Schwerter, perfekt ausbalanciert, auch nach mehreren Jahrtausenden noch rasiermesserscharf. Ich habe selbst aus reiner „metallurgischer Neugier" heraus mehrere Kupfer- und Bronzewaffen hergestellt, Äxte und Schwerter aus reinem, gediegenen Kupfer. „Kampfwertgesteigert" durch die bereits angeführte Technik der Kaltverfestigung, wobei durch Hämmern die Oberflächenspannung und somit die Härte etwas erhöht wird. Das Ergebnis? Nun, die Axt aus reinem Kupfer war härter als Holz und leichter zu verformen, zu bearbeiten als Feuerstein oder Obsidian, die Schneidfähigkeit (Wie scharf ist die Schneide?) war zu Beginn des Versuches als durchaus gut zu bewerten. Beim zweiten wichtigen Parameter zur Beurteilung einer Schneide, der Schnitthaltigkeit (Wie lange bleibt die Schneide scharf?), da zeigte sich dann sehr schnell der eigentliche „Pferdefuß" der Waffen aus reinem Kupfer. Beim Versuch, im Garten einen Nussbaum zu fällen, erwies sich schon nach wenigen Schlägen die ganze Problematik der Kupferaxt. Die Schneide wurde sehr schnell stumpf, beim Kupferschwert „rollte" die Schneidfase sich nach wenigen Hieben ein. Natürlich einfach zu beheben (epochenkorrekt mit Flintstein und Obsidian ...), aber insgesamt doch eher suboptimal als Ausgangsmaterial für eine Waffe oder ein Schneidwerkzeug.

Ganz anders verliefen die Versuche mit meinen Waffen aus Bronzeguss. Ich verwendete die „klassische" Legierung, bestehend aus einem Teil Zinn aus Cornwall und neun Teilen Kupfer aus Nordtirol, auch dies eine Verbeugung vor den historischen Gegebenheiten. Ungeachtet der Tatsache, dass ich ein Klingenschmied bin und mir die Kunst des Bronzegießens einigermaßen autodidaktisch selbst beigebracht habe, waren die Ergebnisse durchaus brauchbare Waffen. Ein Test in einer Fachinstitution ergab eine bemerkenswerte Härte der Klinge von 51 HRC nach Rockwell. Zum Vergleich: Die Klingen, die Sie, meine liebe Leserschaft, hoffentlich nun schmieden, werden, wenn Sie meinen Ratschlägen Folge leisten, einen Härtegrad von ca. 57–60 HRC nach Rockwell aufweisen. Diese Bronzeschwerter waren im Übrigen einem unlegierten, also ungehärteten Eisenschwert – wir kommen gleich in die entsprechende Periode – durchaus ebenbürtig, wenn nicht sogar überlegen. Der Nachteil von Bronze als „waffenfähigem" Material ist die dem Metall innewohnende Sprödigkeit, es fehlt also die notwendige Zähigkeit, welche bei Schlägen auf hartes Material schockabsorbierend wirkt. Der zweite große Nachteil war der hohe Preis. Die Komponenten mussten von weit her importiert werden, das Herstellverfahren war keine geläufige Kunst, allein die korrekte Mischung wurde gehütet wie der sprichwörtliche Augapfel.

Dem stand eine „Neuentdeckung“ gegenüber, etwas, das sich Eisen nannte, da gab es den Rohstoff Eisenerz wie den sprichwörtlichen Sand am Meer. Und damit war es billig. Aber wie und wo hat die Sache mit dem Eisen begonnen? Zurück in unsere Zeitmaschine, sehen wir doch mal, wo sie begann, die Eisenzeit. Wir befinden uns jetzt im Jahre 800 v. Chr., Rom ist gerade gegründet worden. Die Menschheit hat sich weiterentwickelt, hat ein Verfahren entdeckt, wie man aus dem häufig vorkommenden und damit billigen Eisenerz Roheisen gewinnen kann. Archäologen fanden überall in Europa und dem Nahen Osten die Überreste von sogenannten Rennöfen (nein, es gab hier keine sportlichen Wettkämpfe; der Name leitet sich ab vom Ausrinnen der vom Eisen getrennten Schlacke aus dem Ofen). Ein Rennofen ist ein konischer oder zylindrischer Turm aus Lehm, sinnreich konstruiert mit mehreren Öffnungen zur Einleitung von Sauerstoff mittels Blasebälgen und Auslassöffnungen für die Schlacke. Da Eisen in der Natur nicht in reiner Form auftritt, sondern im Gestein, in Eisenerzmineralien eingelagert ist, musste es aus dem Gestein herausgelöst werden. Zu diesem Zweck wurden in dem Rennofen schichtweise Holzkohle, Holz und Eisenerzknollen gestapelt und ein Feuer entzündet. Bei einer Temperatur von rund 1100 °C tritt ein chemischer Prozess (direkte Reduktion) ein, welcher das taube Gestein vom Eisen trennt. Anschließend wurde die Schlacke, die nichtmetallischen Bestandteile des Eisenerzes, aus dem Ofen abgelassen. Nach Zerschlagung des Ofens gelangte man an die sogenannte Luppe, das nun gewonnene, aber noch verunreinigte Eisen.

Durch mehrmaliges Erhitzen und Aushämmern (Hurra, es wird zum ersten Mal geschmiedet!) des Materials wurden die letzten Verunreinigungen (Restschlacke) entfernt, und man erhielt reines Eisen. Von diesem Punkt an war es nur noch ein kurzer Weg bis zur Stahlerzeugung. Allerdings nicht hier bei uns in Europa: Es blieb indischen „Metallurgen“ vorbehalten, ca. 400 v. Chr. das Geheimnis der Stahlerzeugung zu lüften. Sie erkannten, wie man dem Eisen wie viel Kohlenstoff hinzufügen muss, um Stahl zu erhalten.

Wieder in der Jetztzeit angekommen, wissen wir nun, wie der Mensch das Eisen, die Kunst des Schmiedens „entdeckt“ hat. Bleibt als Ausklang unserer kurzen Reise durch die Zeitalter vielleicht noch die Frage nach dem „Warum“: Warum suchte man von Anbeginn der Menschheit weltweit nach einem besseren, härteren Material für Waffen und Geräte? Der ehemalige Leiter des damaligen Institutes für Ur- und Frühgeschichte in Wien, emer. Univ.-Prof. Dr. h. c. Dr. Herwig Friesinger, dem „zuzuarbeiten“ ich dereinst die Ehre hatte, meinte einmal, „dass stets mehr Waffen und Rüstungen gefunden wurden bei den Ausgrabungen als Gebrauchsgegenstände und Werkzeug“. Hatte der griechische Philosoph Heraklit recht, als er sagte, dass der Krieg der Vater aller Dinge sei?

Doch von der Philosophie zurück in die Schmiede. Das Schmieden war früher ein wichtiges Handwerk, um Werkzeuge und vor allem Waffen herzustellen, und die Schmiede, hochgeachtet ob ihres Wissens, waren umgeben von einem Hauch der Mystik und Zauberei. In jedem Dorf gab es einen Schmied, einen Allrounder, der von Geräten des täglichen Gebrauches bis hin zu groben landwirtschaftlichen Werkzeugen alles herstellen konnte. Oft oblag ihm in ländlichen Gegenden auch noch die Aufgabe des Hufschmiedes für die damals noch zahlreichen Zugtiere der ansässigen Bauernschaft. In den Städten hingegen gab es damals bereits regelrechte Großschmieden mit mehreren Meistern, Gesellen und Lehrlingen, erste Vorboten der noch fernen, aber dennoch unabwendbar kommenden industriellen Revolution. Die Waffen- und Schwertschmiede hingegen, hochgesuchte Spezialisten ihrer Zunft, übten in der Regel ausschließlich auf Burgen und Schlössern ihr oft sehr kunstvolles Handwerk aus: Nur der Adelsstand durfte Waffen tragen und besitzen, sei es für die Jagd oder eben für das Kriegshandwerk.

Heutzutage ist das alte Handwerk des Schmiedes nahezu verschwunden; es gibt allenfalls noch da und dort kleine Klingenschmieden, oder man sieht auf Folkloreveranstaltungen „Schauschmieden“.

Aber auch in unserer modernen Zeit verlangt eine kleine Nische der Technik noch nach Schmiedeprodukten, dort, wo eine höhere Festigkeit des Werkstückes, wie sie eben nur durch das Schmieden erzielt werden kann, vorgeschrieben ist. So werden in wahren Hightechanlagen stark belastbare Teile für Turbinen, Flugzeugtriebwerke etc. „geschmiedet“.

Auch heute noch übt die Kunst des Schmiedens auf uns moderne Menschen noch eine ganz eigene Faszination aus, da sie in unserer schnelllebigen Wegwerfgesellschaft eine der wenigen Möglichkeiten darstellt, etwas mit eigenen Händen zu erschaffen, das uns überdauern und noch in kommenden Jahrhunderten von unserem Schaffen Zeugnis ablegen wird, uns somit ein klein wenig „unsterblich“ macht ...

EINLEITUNG

Als Erstes und als roter Faden, der sich durch das ganze Buch zieht: Es bedarf keiner modernen, industriellen Werkstattausrüstung wie Elektrohämmern, Hydraulikpressen, digital gesteuerten Hochleistungsöfen etc., um eine gute Klinge selbst zu schmieden.

Diese Ausrüstung hat in einem Messermacherbetrieb sicherlich ihren Sinn, wo Zeit gleich Geld ist und es auf einen möglichst hohen „Ausstoß“ an Klingen ankommt. Man kann auch mit einfachem, aber speziellem Werkzeug wunderbare Klingen schmieden, das sieht man am Beispiel japanischer Meisterschmieden, in welchen im Laufe der vergangenen Jahrhunderte wahre Meisterwerke an Schwertklingen entstanden sind – Klingen, die auch heute noch als einzigartig gelten.

So wollen wir Ihnen nun zeigen, wie Sie mithilfe dieses Buches mit einfachsten Mitteln – meist handelt es sich dabei um Werkzeuge, welche in Hobbykellern und Garagen bereits vorhanden sind – eine Messerklinge schmieden, diese polieren und schärfen sowie einen Griff anbringen.

Worüber wir uns aber von Anfang an im Klaren sein müssen: Faktum ist, die erste Klinge (erste, weil es nach meiner Erfahrung aus unzähligen Schmiedekursen nicht bei einer einzigen bleibt ...) wird den Klingen auf der Titelseite des „Blade“-Magazins nicht sonderlich ähnlich sein. Ich betone das nicht, um Sie, werte Leserschaft, bereits im Vorhinein zu entmutigen. Ich will nur nicht, dass sie gleich beim ersten Versuch die Messlatte zu hoch anlegen. Roman Landes schreibt in seinem empfehlenswerten Buch „Messerklingen und Stahl“ sehr treffend: *„Betrachtet man die Größe des Wissensgebietes, die heute notwendig ist, um eine sehr gute handgefertigte Klinge selbst zu machen, ist die Wahrscheinlichkeit, wirklich alles absolut richtig zu machen, nicht sehr groß.“*

Sie aber, werter Leser, verfügen schon mal über zwei wichtige Voraussetzungen: Sie *möchten* eine Klinge schmieden – und Sie haben einen guten Ratgeber! Was soll jetzt noch schiefgehen?

Es ist nun mal so: Nur beim Schmieden wird man Schmied, und es ist noch kein Meister vom Himmel gefallen.

Der Tatsache, dass man eben nach der ersten vielleicht noch eine weitere, „bessere" Klinge schmieden möchte, ist das von uns entwickelte **duale System** gewidmet.

Diese erprobte Verfahrensweise beinhaltet, dass die ohnehin bereits vorhandenen Werkzeuge mehr als ausreichend sein sollten, wenn man das Schmieden nur einmal ausprobieren möchte – unsere **Methode A**; wenn man aber zu lange ins Schmiedefeuer geschaut hat (es macht nachweislich süchtig, sagten die alten Schmiede) und eine weitere Klinge angedacht wird, dann kann man, so man möchte, darüber nachdenken, die Werkzeuge ein wenig dem Verwendungszweck anzupassen, sich etwas Preiswertes zusätzlich anzuschaffen, es sich ein wenig „einfacher" zu machen – das ist die **Methode B**.

Dabei kann es aber durchaus auch einen fließenden Übergang geben. Beide Methoden sind im **dualen System** untereinander austauschbar und beliebig miteinander kombinierbar. Wo es sinnvoll ist, finden Sie in roter Schrift unsere Vorschläge: „Kann man machen, muss man aber nicht", so lautet hier unser Motto.

Alle für die **Methode B** vorgeschlagenen Geräte finden wir im Baumarkt „ums Eck" oder, heute nicht mehr wegzudenken, im Internet, meist um nur kleines Geld. Wir werden also in unserem Buch das Schmieden mit einfachstem Werkzeug erklären und, farblich kodiert, auch die Verwendung von spezifischen Werkzeugen darstellen. Damit hat der angehende Messerschmied alle Möglichkeiten, sich ganz nach „Lust und Laune" sowie nach seinem handwerklichen Geschick eine passende Grundausstattung zuzulegen.

Bitte bedenken Sie aber: Wir alle sind kreative Menschen, sonst würden wir keine Klinge schmieden wollen. Das bedeutet, dass wir durchaus eigene Ideen in den Prozess einfließen lassen dürfen, solange es funktioniert und vor allem im Sinne der Unfallverhütung sicher ist (siehe auch „Sicherheitshinweise"). Eine hochtourige Parkettschleifmaschine verkehrt herum in einen Schraubstock einzuspannen, ist beispielsweise keine so gute Idee ...

Jetzt geht's aber los!

AUSRÜSTUNG FÜR DEN MESSERBAU, METALL ZUM SCHMIEDEN, HOLZ FÜR DIE GRIFFE

Wir beginnen mit der Grundausstattung.

Ich weiß ja nicht, wie Sie, verehrter Leser und angehender Klingenschmied, das sehen, aber ich möchte immer schon am Anfang eines Buches wissen, ob es für mich interessant ist und was ich benötige, um das im Titel verheißene Ziel zu erreichen.

Obwohl das Schmieden eines Klingenrohlings und die anschließende Herstellung eines fertigen Messers daraus zwei an sich voneinander getrennte Produktionsabläufe sind, wollen wir doch mal schauen, was wir generell an Werkzeug bzw. Werkstattausrüstung benötigen.

In folgenden Abschnitt sehen wir dann, wie wir uns Vorrichtungen selbst bauen können, z. B. verschiedene Kohle-Essen.

Beginnen wir mit dem ...

WERKZEUG

Methode A	Methode B
Schlosserhammer 500 g Schlosserhammer 250 g	Schmiedehammer (gebraucht)
Rohrzange, Gripzange	Schmiedezangen (gebraucht)
Bügelsäge Metall groß	Winkelschleifer („Flex“) mit Trennscheibe
Holzsäge („Fuchsschwanz“), Laubsäge	Bandsäge
Flachfeile 300 mm, schrupp Flachfeile 300 mm, schlicht Rundfeile groß, schlicht Halbrund-/Rundfeile 300 mm, schrupp Diamantfeile 200 mm	„Flex“ mit Schleifscheibe Schleifstein rund für Bohrmaschine Bandschleifmaschine
elektrische Handbohrmaschine mit Einspann-vorrichtung Holzblock als Bohrunterlage	kleine Standbohrmaschine
Metallbohrer 6 mm, HSS, aufwärts kleiner Metallmeißel	Metallbohrer 20 mm
Steinbohrer 8 mm kleiner Steinmeißel	Steinbohrer 20 mm
Körner	
Schraubstock Schutzbacken	
fix montierte, massive Arbeitsplatte	
Schraubzwingen Parallelzwinge („Spannhand“)	
Schienenstück, ca. 30 cm	Amboss
Arbeitshandschuhe, Leder oder Leinen	
Holzbrettchen, ca. 80 mm x 200 mm x 20 mm	

Methode A	Methode B
Schleifleinen oder Papier, Körnungen 80, 150, 220, 400, 600, 800	
Lineal Schiebelehre Filzstift	
Schutzbrille	
Gehörschutz	
Staubschutzmaske	
Eisenstange, ca. 1000 mm lang, ca. 7 mm stark	Glutrechen oder Schürhaken
Messingstange, ca. 100 mm lang, ca. 6 mm stark	
Industrie-Zweikomponentenkleber	
Aceton oder Nitroverdünnung	

Ein Rat zu den eventuell noch zu erwerbenden Werkzeugen: Sie haben vielleicht auch schon selbst bei den verschiedensten Dingen des täglichen Lebens die Erfahrung gemacht, dass das alte Sprichwort: „Was nichts kostet, ist meistens auch nichts wert“, sich gerade bei Werkzeug manchmal schmerzlich bewahrheitet. Ein wirklich supergünstiges Gerät aus einem Diskont-Lebensmittelsupermarkt kann ein Schnäppchen sein, aber es wird sich dabei in der Regel eher um ein Gerät mit nur sehr kurzer Lebensdauer handeln, vor allem in den Händen eines temperamentvollen Heimwerkers. Hier lohnt sich möglicherweise wirklich der Weg in ein Fachgeschäft, denn geschenkt bekommt man auch im Supermarkt nichts ...

METALL ZUM SCHMIEDEN

Was können wir denn nun eigentlich „schmieden“? Stahl oder Eisen? Müssen wir in den Bächen der Steiermark nach Eisenerzknollen suchen? Nein: Alles, was wir benötigen, ist guter, schmiedbarer Stahl. Was ist jetzt der Unterschied zwischen Stahl und Eisen?

Es ist ganz einfach, Stahl ist eine Mischung aus Eisen (Ferrum) und Kohlenstoff (Carbon). Reines Eisen schmilzt bei 1540 °C; bei dieser Temperatur löst sich der Kohlenstoff und bildet gemeinsam mit dem Eisen eine sogenannte flüssige Lösung. Nach der stattgefundenen Abkühlung haben sich Kohlenstoffatome in die Lücken zwischen den Eisenatomen eingefügt. Jetzt liegt der Anteil des Kohlenstoffes höher als 0,5 % und niedriger als 2,1 %, man erhält härtbaren Stahl, eine Eisen-Kohlenstoff-Legierung.

© Messerschmiede Zeilinger

In unseren modernen Stählen findet man noch weitere Legierungsbestandteile, welche dem Stahl gewisse Eigenschaften verleihen. Dazu zählen beispielsweise Stickstoff, Chrom, Wolfram, Niob/Tantal und vieles mehr.

Damit möchte ich den Ausflug in die wunderbare Welt der Metallurgie aber auch schon wieder beenden, da wir für unseren ersten Einstieg in die Welt des Schmiedens weitere Details einfach nicht brauchen.

Wer tatsächlich mehr über dieses Thema wissen möchte (mich würde es freuen), der findet unter anderem eine Empfehlungsliste an Büchern hierzu im Schlussteil dieses Buches.

Woher bekommen wir nun aber den Stahl für unsere Traumklinge? Es gibt einfache Wege.

Die erste Methode: Wir gehen auf den nächsten Schrottplatz oder in die nächste Kfz-Werkstätte und suchen uns dort Federstahl in Form einer Spiralfeder. Dabei handelt es sich um Stahl mit der Kennung 5160, einen grundsoliden „Allerweltsstahl“.

Diese „Beschaffungsmethode“ gewährleistet – ausgehend vom ehemaligen Verwendungszweck unserer Zielobjekte –, dass wir Rohmaterial mit dem notwendigen Kohlenstoffanteil verwenden.

Die zweite Methode: Wir konsultieren den Fachhandel. Auch dort finden wir unzählige Angebote, nur sehen Anfänger möglicherweise den sprichwörtlichen Wald vor lauter Bäumen nicht. Ich will Sie jetzt nicht mit der teilweise recht komplizierten Stahlnormung mittels Kurzbezeichnungen und Werkstoffnummern verwirren; wenn Sie mehr darüber erfahren möchten, konsultieren Sie einfach die Literaturliste am Ende des Buches.

Stahlsorten, mit denen wir gar nichts falsch machen können und die wir überall im Onlinehandel bekommen, sind – um nur einige wenige zu nennen – die Stähle CK 60 (1060) oder auch 100 CR61, weiters 1.3505. Eine weitere hochinteressante Option ist die Verwendung von Damaststahl. Keine Sorge, ich habe natürlich nicht vor, Sie jetzt dazu zu animieren, den doch sehr komplexen Prozess des Schmiedens zur Erlangung von Damaststahl inklusive aller damit einhergehenden hochkomplexen Vorgänge, wie Feuerverschweißen, Ablängen, Falten etc., in Angriff zu nehmen. Es gibt tatsächlich eine Möglichkeit, im Rahmen unserer Mittel und unseres (Schmiede-)Könnens zu einer wunderbaren Klinge aus von uns geschmiedetem Damaststahl zu gelangen. Aber bevor wir dazu kommen, wollen wir noch mit einigen Mythen und Märchen über Damaststahl, seine Herkunft und Fähigkeiten aufräumen. Als Beispiel mag das Gespräch eines Ehepaares dienen, dessen „Ohrenzeuge“ ich unabsichtlich wurde. Die beiden betrachteten in der Auslage eines Fachgeschäftes für Schneidwaren ein von mir geschmiedetes Damastmesser. Die Frau fragte ihren Mann, was denn das für ein Messer mit dem hübschen „Streifenmuster“ sei. Ihr Mann erklärte mit verschwörerisch gedämpfter Stimme, dies sei „eines der geheimnisvollen Messer aus Damaskus, 10.000 Mal gefaltet, kann deshalb niemals stumpf werden …“. Sie, werte Leserschaft, werden verstehen: Ich war sehr beeindruckt von den mir bislang unbekannten Fähigkeiten meiner Damastklinge. Und nun lassen Sie uns gemeinsam den Schleier der Mystik und der Legenden lüften.

Wurde Damaststahl in Damaskus hergestellt?

Nein, er kommt definitiv nicht aus Damaskus. Keine der beiden unten angeführten Methoden zur Herstellung von Damast stammt aus der einstigen Metropole in Syrien. Vielmehr war die Stadt Damaskus jahrhundertelang ein Knotenpunkt vieler Karawanenwege und somit ein zentraler Umschlagplatz für Waren und Güter aller Art. Historiker gehen davon aus, dass Waffen aus Damaststahl in dieser Stadt im großen Rahmen gehandelt wurden und daher Damaskus zum Synonym für diesen Stahl wurde.

Ist Damaststahl „besser“ als normaler Monostahl? Woher kommt sein legendärer Ruf?

Nein, nicht mehr. In früheren Zeiten, zur Zeit der Kreuzzüge, war der einfache europäische Soldat oder der gewöhnliche Ritter mit einem simplen Eisenschwert von oft recht fragwürdiger Qualität ausgerüstet. Seine Feinde im Kampf um das Heilige Land, um Jerusalem, muslimische Ritter und Edelleute, führten hingegen teilweise Schwerter aus Damaszenerstahl, geschmiedet von den besten Metallurgen ihrer Zeit, absolute Einzelanfertigungen für den Adel, perfekt in den wichtigen Punkten wie Wärmebehandlung, Materialwahl, Klingengeometrie etc. Somit ist es nicht verwunderlich, dass den Kreuzrittern solche Schwerter als wahre Wunderwaffen erscheinen mussten, was sie im Vergleich zu europäischen Waffen ja auch waren.

Aber das ist lange her, und heute kann kein Damaststahl, auch nicht der möglicherweise in weiterer Folge von uns verwendete, besser sein als seine einzelnen Komponenten. Der Damaststahl ist ein inhomogener Stahl, das heißt, dass dieses Metall aus verschiedenen Legierungselementen (zum Beispiel Kohlenstoff und Nickel) besteht. Das ist relativ leicht zu erreichen, indem mehrere verschiedene Metallstücke mit eben unterschiedlichen Legierungsanteilen zusammengefügt werden. Hierfür stehen zwei hauptsächliche Methoden zur Verfügung:

Schweißverbunddamast: Hier werden mehrere Stücke verschiedener Stahlsorten durch das sogenannte Feuerverschweißen miteinander verbunden. Die Stücke werden aufeinandergestapelt, fixiert, auf 1200 °C erhitzt und anschließend durch mechanische Kraft, eben durch Schmieden, dauerhaft verbunden.

Pulvermetallurgischer Damast: Beim pulvermetallurgischen Damast verwendet man im Prinzip den gleichen Vorgang wie bei der Herstellung des Schweißverbunddamastes, der Unterschied liegt allein in der Größe der Metallteile. Bei der Erzeugung von pulvermetallurgischem Stahl werden kleine Partikel (ca. 0,1 mm) benützt, welche durch einen „Zerstäubungsvorgang“ von flüssigem Metall innerhalb einer Schutzgasumgebung geschaffen werden. Das auf diese Weise erzeugte „Stahlpulver“ kann mittels eines raffinierten technischen Prozesses mit den notwendigen Legierungselementen (Kobalt, Wolfram, Vanadium, Mangan etc.) angereichert werden, um bestimmte metallurgische Eigenheiten im gewünschten Ausmaß zu erreichen. Anschließend wird das Metallpulver durch eine Kombination von hohem Druck und Temperatur mittels eines Verfahrens, welches als Sintern bekannt ist, zu einer Stange oder einem Block gepresst. Weiters wird dieser Produktionsprozess in einer sauerstoffarmen Atmosphäre respektive im Vakuum durchgeführt, was die Verwendung von rostträgen Stahlkomponenten mit einem hohen Chromanteil ermöglicht. Dies hat aus metallurgischer Sicht den Effekt, dass die so gewonnenen Metallteile, in unserem Fall Rund- und Vierkantmaterial zum weiteren Ausschmieden von Klingen, „rostfrei“ sind.

Generell ist zu sagen, dass ein auf diese Art und Weise erzeugter Stahl eine besonders feine und homogene Gefügestruktur aufweist. Das bedeutet, dass dieser Stahl ob seiner Legierungsanteile und eben ob der gerade erwähnten Gefügestruktur eine bemerkenswerte Zähigkeit und Bruchfestigkeit besitzt. Diese Eigenschaften sind primär dafür verantwortlich, dass der soeben beschriebene Stahl der vermutlich beste Stahl für Klingen und Schneidwerkzeuge auf unserem Planeten ist. Dieser optimale pulvermetallurgische Stahl ist dank eines Unternehmens in Schweden, der Fa. Damaststeel AB, auch als Damaststahl erhältlich.

Bei diesem patentrechtlich geschützten Verfahren werden verschiedene Metallpulver gezielt zu einem vordefinierten Damastmuster angeordnet und anschließend in dem oben beschriebenen Sinterverfahren zu Halbzeugen in Rund- oder Vierkantform gepresst. Dies ist der „Königsweg" zu einer Damastklinge aus pulvermetallurgischem Damaststahl, oder, um es ganz trivial zu sagen: Besser geht's nicht!

© Messerschmiede Zeilinger

Nun gibt es natürlich auch noch die Möglichkeit, sich ein Damast-Halbzeug aus normalem Stahl, also einen Damastblock in Form einer Rund- oder Vierkantstange, zu kaufen und daraus eine Klinge zu schmieden.

Damast aus normalem Stahl in Vierkantform und sehr guter Qualität ist unter anderem erhältlich bei der Damastschmiede Markus Balbach (siehe Anhang).

Verschiedene Messer mit Klingen aus Damaststahl. © Messerschmiede Zeilinge

Bitte vermeiden Sie Billigstprodukte aus Fernost. Damaststahl erlebt zurzeit eine wahre Renaissance, vielleicht hervorgerufen durch den Wunsch, etwas Einzigartiges zu besitzen, in Personalunion mit eben den schon besprochenen Mythen und Halbwahrheiten. Und wo eine Nachfrage herrscht, findet sich stets jemand, der bereit ist, diese zu befriedigen. Wie schon beim Werkzeug gilt auch hier das eherne Prinzip: Was nichts kostet, ist vermutlich auch nichts wert.

Darum ein wichtiger Ratschlag: In Fernost wird maschineller Damast in riesigen Blöcken, sogenannten Big Packs, hergestellt. Ob dieser in großen Stahlwerken erzeugte „Damast" einen echten Damast nach unserem Qualitätsstandard darstellt, ist sehr umstritten. Qualitativ ist er in keiner Weise mit Produkten aus europäischer oder nordamerikanischer Produktion vergleichbar, wie Tests

in renommierten Fachinstituten gezeigt haben. Auch die verwendeten Stahlsorten können schon aus betriebswirtschaftlicher Sicht nicht von hoher Güte sein, dazu ist der Endpreis zu gering, ganz abgesehen von der mich als Metallurgiekundigen beunruhigenden Tatsache, dass es absolut unmöglich ist, verbindliche Daten hinsichtlich der verwendeten Metalle zu erhalten. Nach wie vor gibt es das Gerücht, dass in Indien und China Damast aus Kronkorken und Getränkedosen „geschmiedet" werde. Vielleicht ein lustiger Gag, aber als Material für eine Klinge nicht meine erste Wahl.

Sollten Sie, verehrte Leserschaft, sich jetzt für die Verwendung eines Damastbarrens für die Klinge Ihrer Wahl entschieden haben, so gilt es, einige Abweichungen vom herkömmlichen Schmiedevorgang zu berücksichtigen. Diese wollen wir etwas später in diesem Buch, eben beim eigentlichen Schmieden, noch erläutern.

Ganz wichtig: Als Ausgangsmaterial zum Schmieden benötigen wir Stahl in Form von Rundmaterial oder als Vierkantprofil.

Wie viel Stahl benötigen wir denn nun für unser Projekt?

Das hängt in erster Linie von der Größe der geplanten Klinge ab, aber mit einem Stück Rundstahl im Durchmesser von 20 mm bei einer Länge von 100 mm sind wir wohlberaten. Damit ist eine Klinge mit einer Gesamtlänge von 300 mm Länge, 40 mm Breite und einer Stärke von 4 mm möglich.

Die gleichen Maße gelten auch für den Vierkantstahl mit ca. 20 mm Seitenlänge und gleicher Länge wie beim Rundmaterial. Dies ist eine gute Größenordnung für den Beginn. Einige Bezugsquellen für die genannten Stähle finden Sie ebenfalls am Ende des Buches.

Der Vorteil dieser Stähle ist: Wir wissen bei ihnen genau, was wir nun zu einer Klinge umschmieden werden. Im sogenannten Datenblatt, das dem Einkauf beiliegt, sehen wir neben den Legierungsbestandteilen auch die technischen Angaben zur Wärmebehandlung, wie Härte- und Anlasstemperatur (das wird noch wichtig im Schmiedekapitel). Der Flachstahl aus dem Messershop ist für uns zum Schmieden naturgemäß *nicht* geeignet.

Aber muss ich eigentlich schmieden, um ein tolles Messer zu erhalten? Kann ich nicht auch eine Klinge aus einem bereits flachen Stück Stahl herausschleifen? Was ist denn eigentlich der Nachteil (oder vielleicht sogar der Vorteil?), wenn ich ein vorgefertigtes Stück Flachstahl verwende? Aufgepasst! Wir sprechen hier von uns privaten Messermachern, nicht von industriellen Anforderungen wie bei der Herstellung von geschmiedeten Turbinenschaufeln, etwa DIN-Normen, Zertifizierungskriterien und dergleichen.

Zuallererst: Es ist kein Dogma, wenn sich ein Messermacher für die eine oder eben andere Fertigungsmethode entscheidet, und kein Sakrileg, mit beiden Produktionsverfahren zu arbeiten. Es fasziniert mich immer wieder aufs Neue, wenn in Internetforen auf beiden Seiten des Atlantiks hitzige, teils durchaus untergriffige Diskussionen über dieses Thema geführt werden. Natürlich sind alle Diskutanten in der Regel Hobby-Messermacher, nicht wirklich belastet von etwaigen

wirtschaftlichen oder absatzorientierten Vorgaben, denen Profi-Messermacher unterworfen sind. Dabei sind die beiden hier verglichenen Techniken Schmieden und Herausschleifen gar nicht so unterschiedlich, wie es auf den ersten Blick scheinen mag und in den genannten Foren zum Glaubenskrieg hochstilisiert wird. Es verhält sich vielmehr wie die Metapher von den beiden Bächen, welche sich zu einem Fluss vereinen. Bei uns ist das der Moment, an dem ein flaches Stück Stahl von hoher Güte vor uns auf den Werktisch liegt und auf seine Weiterverarbeitung zu einer Klinge wartet. Ob es nun käuflich erworben oder korrekt und von kundiger Hand in seine jetzige Form geschmiedet wurde, ist ab diesem Zeitpunkt nicht mehr wichtig.

Aber warum wird denn nun eigentlich geschmiedet? Der ursächliche Grund liegt –

wie so oft – in der Vergangenheit. Der noch Ende des 19. Jahrhunderts den Schmieden zur Verfügung stehende Stahl war allein vom Reinheitsgrad her nicht annähernd mit heutigen Fertigstahlprodukten vergleichbar. Der Stahl jener Zeit war oft noch mit unzähligen Verunreinigungen kontaminiert, er war nicht homogen und hatte unterschiedliche Kohlenstoffgehalte. Durch das „Ausschmieden" eines Stahlblocks, das heißt: durch oftmalig wiederholtes Hämmern des Stahls in Blöcke bei hoher Temperatur, wiederholtes Trennen der Blöcke in gleich große Teile, Übereinanderlegen derselben und erneutes Verschmieden miteinander (Feuerverschweißen) werden die größeren Kohlenstoffkristalle aufgebrochen und Verunreinigungen reduziert. Heutzutage ist dies ob der in unserer Zeit erhältlichen Stahlqualität ein eher obsoletes Verfahren. Wo es – auf einem extrem hohen handwerklichen Niveau – noch immer angewendet wird, ist Japan. Der hier mittels eines klassischen Verhüttungsrennofens (Tatara) gewonnene Stahl, Tamahagane genannt, wird auf die oben beschriebene Weise von Verunreinigungen befreit und anschließend einer mehrstufigen Wärmebehandlung durch mehrmaliges Erhitzen und Abschrecken unterzogen. Bei dieser aufwendigen Prozedur, Schmieden auf höchstem Niveau, werden verschiedene Blöcke mit unterschiedlichen Kristallstrukturen und Kohlenstoffanteilen, Perlit und Martensit, zu einer der fantastischsten Klingen auf diesem Planeten verschmiedet: zum Katana, der legendären Waffe der japanischen Samurai, einst die elitäre Kriegerkaste im Land der aufgehenden Sonne. Aber diese Schmiedetechnik wollen wir uns vielleicht für später aufheben, wenn wir ein wenig mehr Erfahrung besitzen.

Im Moment reicht uns für unsere Klinge ein Stück Stahl aus einer bekannten Fertigung, das heißt: mit Datenblatt oder zumindest einem Stahlschlüssel – das ist eine Kennzeichnung der Legierungsbestandteile. Eine Wärmebehandlungsanleitung wäre wünschenswert, diese können wir uns aber, so wir über den Stahlschlüssel verfügen, auch ganz leicht im Internet suchen. Jetzt steht dem Schmieden, wie es hier in diesem Buch erläutert, beschrieben und gezeigt wird, nichts mehr im Wege. Aber was wäre denn nun ein guter, stichhaltiger Grund, um auf unsere geplante Schmiedearbeit zugunsten eines bereits vorgeschmiedeten und gewalzten Stückes hochwertigen Flachstahls zu verzichten? Was ist der etwaige Vorteil des Flachstahls? Ja, was ist dieser überhaupt genau?

Hergestellt wird dieser Formstahl (so heißt er in der industriellen Nomenklatur), genau wie jeder andere Stahl, in einem Hightechstahlwerk. So existiert eine ganze Palette unterschiedlicher, mit verschiedenen Legierungsbestandteilen angereicherter Flachstahlprodukte: runder oder eckiger Schmiedestahl zum Ausschmieden, Flachstahl zum Ausschneiden und Schleifen (oder Feilen) ... Woher kommt dieser moderne Hochleistungsstahl, dessen Verwendungsmöglichkeiten je nach Stahlsorte von Baustahl für Brücken und Gebäudekonstruktionen bis hin zu feinsten Schneidewerkzeugen und speziellen Maschinenteilen reichen? Wir haben bereits auf unserer kleinen Zeitreise erfahren, wie unsere Klingen schmiedenden Vorfahren Roheisen in einfachen Lehmrennöfen herstellten. Aber wie funktioniert das jetzt in unserer modernen, hoch technisierten Welt? Lassen Sie uns einen gemeinsamen Blick darauf werfen, wo unser Stahl, egal in welcher Form, eigentlich herkommt.

Meine lieben Leser, wir sind gerade dabei, etwas Hochkomplexes mit unseren eigenen Händen zu erschaffen! Eine Klinge zu fertigen, das ist nicht nur ein prosaischer Fertigungsprozess, wie wenn ich einen Schraubenschlüssel herstelle. Eine selbst gefertigte Messerklinge, ganz gleich, ob es nun ein Kochmesser, ein Jagdnicker oder einfach ein Messer zum „Sammeln und Herzeigen" werden soll, ist etwas Persönliches. Und so muss auch ein Teil unserer Persönlichkeit, unser „Herzblut", wie der Volksmund sagt, mit in den Herstellungsprozess hineinfließen. So wie der leidenschaftliche Koch stets wissen möchte, wo die Ingredienzen für seine kulinarischen Meisterwerke herkommen, und der Bildhauer „seinen" Marmorsteinbruch in- und auswendig kennt, so sollte und muss es auch uns interessieren, wo unser Grundwerkstoff, eben moderner Stahl, eigentlich herkommt. An der Methodik hat sich nicht viel geändert, konnte es naturgemäß auch nicht, aber der Produktionsprozess, der Weg vom erzhaltigen Gestein zu höchst unterschiedlichen Hochleistungsstählen, der hat sich seit der Zeit der Lehmöfen doch etwas gewandelt.

Der Prozess an sich, die miteinander korrespondierenden chemisch-technischen Abläufe, nämlich die Verhüttung des Eisenerzes zu Roheisen in Hochöfen, das „Frischen" (Reduzieren des Kohlenstoffanteils und Beseitigen von unerwünschten Begleitstoffen) sowie das Ausschmieden und anschließende Walzen zu Flachstahl und diversen Stahlprofilen wie Schienen, Stangen etc. hat seinen eigentlichen Ursprung logischerweise in jenem Land, in dem der Bedarf an Stahl im Zuge seiner damaligen kolonialen Ausdehnung am größten war. Das Vereinigte Königreich mit all seinen Kolonien hatte einen immensen Bedarf an Stahlprodukten, sei es für Fabriken im Zuge der industriellen Revolution, für die sprichwörtliche Explosion des Eisenbahnwesen im Mutterland und den Kolonien oder für die Rüstungsindustrie, allem voran für das Flottenbauprogramm der *Home Fleet* mit ihrem klaren Auftrag: „Rule, Britannia! Britannia rule the waves". Diese imperative Notwendigkeit war vermutlich der Anstoß zu einer sich fast selbst überholenden Entwicklung im Bereich der Stahlerzeugung. Es war sowohl eine quantitative als auch eine qualitative Herausforderung für die Stahlproduktion und den bekannten britischen Erfindergeist. Für die Erzeugung von Roheisen, die Verhüttung, wie der Fachmann sagt, bedarf es einer bestimmten chemischen Reaktion. Das Erz muss hierzu mit dem in der Kohle enthaltenen Kohlenstoff in Kontakt treten. Wunderbar funktioniert das mit Holzkohle; sie ist der perfekte Kohlenstoffträger, besteht zu nahezu 100 % aus Kohlenstoff. Der Nachteil? Der Preis! Der Verhüttungsprozess verbraucht Unmengen an Kohle, und Holzkohle ist teuer. Darum griff man schnell auf die weitaus günstigere und auch in England in großen Mengen vorkommende Steinkohle zurück. Bedauerlicherweise ist die gewöhnliche Steinkohle stark verunreinigt mit Schwefel und anderen unerwünschten Elementen, was sich naturgemäß in einer weitaus geringeren Qualität des erzeugten Stahls niederschlug.

Von der Royal Navy durchgeführte Beschusstests auf Panzerstahlplatten aus dem „neuen" Stahl (heute im Imperial War Museum in London zu besichtigen) ergaben ein desaströses Ergebnis und führten zur zeitweiligen Einstellung ganzer Schiffsproduktionsreihen. Der erste Schritt zur Verbesserung der Stahlqualität ist fraglos der Idee eines Chemikers aus Liverpool zuzuschreiben. Mr. Darby entdeckte die Möglichkeit, Steinkohle zu verkoken, das heißt: in Koks umzuwandeln. Dieses dadurch gewonnene Produkt ermöglicht mittels eines Heißlufteinblasungsverfahrens höhere Temperaturen im Hochofen und dadurch eine etwas bessere Stahlqualität. Der Durchbruch bei der Stahlproduktion in Richtung einer besseren Qualität war aber das Frischen, ein Sammelbegriff für mehrere Methoden, um das Eisen vor dem in der Steinkohle enthaltenen Schwefel zu schützen. Ein frühes Verfahren war das sogenannte Tiegelgussfrischen. Dafür wurde Stahl in einem Tiegel mehrere Tage unter strenger Temperaturkontrolle erhitzt. Dieses Tiegelgussverfahren ergab einen ausgezeichneten homogenen Stahl mit einem relativ hohen Härtegrad. Der Nachteil war hier nicht metallurgischer, sondern eher wirtschaftlicher Natur: Der Stahl war einfach zu teuer in der Erzeugung und die Produktionsmenge zu gering für die ständig steigende Nachfrage. Eine der wichtigsten Innovationen bei der Erzeugung von Stahl in jener Zeit war die Entwicklung des „Puddelverfahrens" nach H. Cort, einem britischen Metallurgen. Bei diesem Verfahren wurde flüssiges Roheisen von erfahrenen Arbeitern manuell mit Stangen ständig umgerührt. Dadurch kam das Roheisen mit dem Sauerstoff der Luft in Kontakt, und der im Eisen vorkommende Kohlenstoff wurde entscheidend reduziert beziehungsweise verbrannt. Das somit um den Kohlenstoff reduzierte Eisen wies nun einen höheren Schmelzpunkt auf und bildete dadurch sogenannte Luppen (eine Art von klumpigem Eisenschwamm). Diese konnten dann für die Weiterbearbeitung aus dem Schmelztiegel entnommen werden. Das permanente Rühren mit den Stangen in der flüssigen Roheisenmasse war die extrem wichtige, allerdings handwerklich und körperlich herausfordernde Voraussetzung dafür, dass alle Bestandteile des geschmolzenen Roheisens gleichmäßig mit dem Sauerstoff in Berührung kamen. Und diese Kontinuität auf hohem handwerklichen Niveau war denn auch der Schlüssel zu hochwertigem Stahl. Die entnommenen Luppen wurden mit Schmiedehämmern weiter bearbeitet, um Schlackereste zu entfernen und das Gefüge des Stahls insgesamt homogener zu machen. Auch etwas größere Produktionsmengen waren nun möglich, trotzdem blieb es ein rein manuelles Verfahren. Eine handwerklich dominierte Herstellungsmethode, welche sich trotz mehrerer Versuche durch die Firma Vickers in Sheffield nicht maschinell lösen ließ – und damit stellte die menschliche Komponente bei dieser Produktionstechnik hinsichtlich der rasant steigenden Nachfrage nach qualitativ hochwertigem Stahl die Schwachstelle, den Flaschenhals dar. So ging die Suche nach der „Lösung" für Stahl in hoher Qualität und quasi unbegrenzter Menge weiter.

Die nächste bemerkenswerte Innovation war dann die Idee eines Ingenieurs aus Birmingham, H. Bessemers. Dieser entwickelte den nach ihm benannten Konverter: eine annähernd zylinderförmige feuerfeste Form, in welcher das in einem Hochofen geschmolzene Roheisen durch Einblasen von Sauerstoff (Frischen) weiter erhitzt wird, bis der überschüssige Kohlenstoff und andere unerwünschte Elemente verbrannt sind. Sobald der Kohlenstoffanteil im Roheisen auf einen bestimmten Wert verringert worden ist, ist aus dem Roheisen der begehrte, nun schon recht hochqualitative Stahl geworden. Und noch ein eminenter Vorteil dieses neuen Verfahrens war ein Meilenstein für die Stahlgewinnung: Der mittels Sauerstoffeinblasung gefrischte Stahl aus dem Bessemer-Konverter war erstmals flüssig und konnte gegossen werden! In weiterer Folge wurden ständig technische Verbesserungen entwickelt, so zum Beispiel die „Thomas-Birne" der britischen Metallurgen Thomas und Gilchrist. Diese, benannt nach ihrer birnenförmigen Außenhülle, war auf ganz spezifische Erze mit hohem Phosphorgehalt, wie sie besonders in den klassischen westeuropäischen Industriegebieten an Rhein und Ruhr zu finden sind, ausgerichtet. Da dieser phosphorhaltige Stahl in den USA, damals wie heute ein Gigant auf dem Gebiet der Stahlherstellung, eher selten vorkam, war der Thomas-Birne im „Land der unbegrenzten Möglichkeiten" jedoch kein großes Interesse vergönnt. Ein weiterer Nachteil des Thomas-Verfahrens war, dass der auf diese Weise gewonnene Stahl noch etwas spröder ist als jener aus dem Bessemer-Prozess und sich somit nur bedingt für den Brücken- oder den Schiffbau eignet. Die revolutionäre Alternative zur Sauerstoffeinblasung kam dann von den Gebrüdern Siemens aus Deutschland, bekannt als „Siemens-Martin-Verfahren". Dieser Prozess zur Stahlerzeugung, in Europa bis in die 1960er-Jahre hinein das am häufigsten verwendete Verfahren, basiert hauptsächlich auf der Zuführung von festem oder flüssigem Schrott und/oder Roheisen. Auf das Einschmelzen der einzelnen Komponenten folgt das uns jetzt schon bekannte Frischen, das Verbrennen von überschüssigem Kohlenstoff, Schwefel und Phosphor. Der hierfür notwendige Sauerstoff wird über den Sauerstoffüberschuss der Brennerflamme zugeführt. Da dieser Vorgang insgesamt einen gewissen Zeitaufwand – in der Regel vier bis acht Stunden – bedeutete, konnte der gewünschte Kohlenstoffgehalt je nach Verwendungszweck sehr präzise einjustiert werden. Diese nun letzte Phase des doch sehr hochtechnologischen Ablaufes vor dem „Abstechen", dem Ausgießen des flüssigen Stahls zur Weiterverarbeitung, dient noch dazu, dem flüssigen Stahl gewünschte Eigenschaften, wie Härte, Zähigkeit, Korrosionsbeständigkeit etc., durch die Beimengung entsprechender Legierungselemente (Chrom, Kupfer, Mangan, Nickel, Titan, Bor, um einige Beispiele zu nennen) zu verleihen.

Gleichwohl blieb die technische Weiterentwicklung dabei natürlich nicht stehen: Elektrischer Strom löste über den Lichtbogenofen (darin erfolgt die Aufheizung durch Elektroden, gespeist mittels Dreiphasenwechselstrom) Koks und Steinkohle als bisherige Energieträger ab. Ein ganz neues Verfahren will statt Kohle oder Koks Wasserstoff verwenden, allerdings ist der Stromverbrauch bei diesem Verfahren extrem hoch, ein wichtiges Thema in unserer klimaneutralen Zeit ...

Aber das Wichtigste, meine liebe Leserschaft, ein *absoluter Paradigmenwechsel* war die Tatsache, dass mit der Erfindung des Bessemer-Konverters und aller nachfolgenden Verfahren das Schmieden des Stahls unnötig wurde, da sie alle bereits flüssigen, gießfertigen Stahl erzeugten, weit homogener in der Struktur, als es das im früheren Puddelverfahren hergestellte Produkt je sein konnte. Nun ergab sich ein ausgesprochenes Marketingproblem. Man konnte sich nicht vorstellen, dass ein neues, noch dazu weit günstigeres Verfahren dem jahrhundertelang bewährten Schmieden überlegen sein sollte. Da gab es regelrechte „Glaubenskriege“ zwischen einem Großindustriellen namens Alfred Krupp, dem größten Stahlproduzenten im Deutschland der Mitte des 19. Jahrhunderts mit seinem Leitspruch „Waffen aus Stahl müssen geschmiedet sein“, und dessen schärfstem Kontrahenten, dem „Vater“ des modernen Stahlgusses: Jakob Mayer, Bauernsohn aus Schwaben, ein zu Unrecht heutzutage vergessener großer Pionier des Stahlgussverfahrens. Selbst als sich das Stahlgussverfahren gegenüber dem Schmieden schon längst durchgesetzt hatte, soll Alfred Krupp es seinen Handelsreisenden und Verkäufern noch verboten haben, gegenüber den Kunden zu erwähnen, dass nun auch „Kruppstahl“ gegossen und gewalzt und nicht mehr geschmiedet wurde.

Nun flugs zurück zum Beginn unseres kleinen Exkurses. Sollten wir ein Rund- oder Vierkantmaterial selbst zu einem flachen Klingenrohling ausschmieden oder für unser geplantes Messerprojekt ein entsprechendes Stück Flachstahl verwenden? Der zur Verfügung stehende Stahl ist absolut gleichwertig, beide Produkte – der noch auszuschmiedende Rund- oder Vierkantstahl ebenso wie der bereits „fertige“ Flachstahl – haben den gleichen Ursprung. Warum also schmieden? Ein guter Anlass ist, wenn die Klinge eine stärker gekrümmte Form bekommen soll. Diese Form ist nämlich besser zu schmieden, als ein Flachstahl sich biegen lässt, der dabei unvermeidlicherweise in der Krümmung gestaucht wird. Auch spezielle Klingentypen wie Integralmesser (Klingen mit speziell ausgeformter Griffform; ein solches sollte womöglich nicht gleich unser erster Schmiedeversuch sein ...) können nur im Schmiedeverfahren hergestellt werden. Ein weiterer, für mich wichtiger Grund ist eigentlich nicht so rational erklärbar. Ich hoffe, Sie halten mich nachher nicht für ein Medium, einen dem Okkultismus anheimgefallenen Klingenschmied ... Ich darf hier ein Beispiel anführen. Bitte urteilen Sie selbst!

Ich war vor einigen Jahren zu einem Schnitttest für Schwerter nach Großbritannien eingeladen. Dort konnte ich ein Schwert der Firma Albion Swords Ltd. ausgiebig begutachten und auch testen – ein Schwert, das nicht geschmiedet, sondern aus einem Block 1.1248-(C 75)-Stahl mittels einer High-End-CNC-Fräsmaschine herausgefräst worden war. Ein Schwert, wie aus einem Hollywoodritterfilm. Eine Augenweide. Scharf geschliffen, sehr gut ausbalanciert, wirklich gefällig. Ein wahrer „Genuss“ bei den Schnitttests auf gerollten Tatami-Matten. Und darüber hinaus und im Übrigen lediglich ein gewöhnliches, anonymes Stück Stahl, von einer seelenlosen Maschine zu einer Klinge geformt. Im Gegenzug hatte ich anlässlich einer jetzt schon viele Jahre zurückliegenden Reise nach Japan durch Vermittlung und in Begleitung eines befreundeten Schwertschmiedes die wunderbare Gelegenheit, an einer „Privatführung“ durch das alte Schwertermuseum in Tokio teilzunehmen. Dort erhielt ich die für mich überwältigende Möglichkeit, zwei Klingen aus der Muromachi-Zeit näher zu betrachten. Eine Klinge war von einem Schmied namens Muramasa geschmiedet worden, neben Murasama der wohl berühmteste Schwertschmied Yamatos, wie Japan damals hieß. Typisch die eher kurze Klingenlänge, gut zu sehen der eisblaue Schimmer auf der Klinge selbst. Ein unregelmäßiger Hamon. Man glaubt in Japan auch heute noch, dass der böse, jähzornige Charakter des berühmten Schmiedes sich in seinen Klingen manifestiert habe. Als ich diese einzigartige Klinge, dieses geschmiedete Meisterwerk in Händen hielt, konnte ich plötzlich ganz klar und deutlich eine Art Aura, eine Schwingung spüren, so lächerlich das auch klingen mag. Als ich anschließend dem damaligen Kurator des Museums (in, leider Gottes, sehr gebrochenem Japanisch) zu erklären versuchte, was ich gerade eben zu spüren geglaubt hatte, meinte dieser lächelnd, dass er dies wüsste: Es wohne seit Jahrhunderten ein Kami (im Shintoismus ein Geist oder die Seele eines Verstorbenen) in dieser Klinge. Diese vor nun gut 600 Jahren geschmiedete Klinge habe eine Seele ... So, nun können Sie mich gern auslachen, aber vielleicht konnte ich mit diesem Vergleich einen möglichen vorurteilsfreien Unterschied zwischen Schmieden und Schleifen/Feilen aufzeigen. Für welche Technik Sie selbst sich nun auch immer entscheiden, Sie liegen richtig!

DER GRIFF: HOLZ ODER KUNSTSTOFF?

Experten sind (vor allem in US-amerikanischen Schmiede-Shows ...) der Meinung, dass der Griff als Bindeglied zwischen Klinge und Mensch genauso wichtig sei wie die Klinge selbst. Nun ja ...

Holz ist natürlich nicht gleich Holz. Holz ist ein organischer Stoff, der gewisse Eigenschaften aufweist, und das bedeutet – Sie erraten es schon –, dass nicht jedes Holz für unsere Griffe brauchbar ist. Geeignet sind ausschließlich abgelagerte, trockene Hölzer mit feiner, kleinporiger Struktur.

Es ist sinnlos, Holz vom Zwetschkenbaum verwenden zu wollen, welches erst unlängst geschlagen worden ist, obwohl Zwetschke an sich ein wunderbares Holz ist. Das noch feuchte Holz würde sich im Laufe der Zeit verziehen und mit an Sicherheit grenzender Wahrscheinlichkeit im Bereich der Befestigungspins reißen. Eine Lösung bietet hier das sogenannte stabilisierte Holz; das ist Holz, bei welchem der extrem flüssige Grundstoff von Plexiglas (MMA) mithilfe eines Vakuums und unter hohem Druck in die Poren des Holzes eingebracht wird, wodurch dieses praktisch „mumifiziert“ und absolut verzugsfrei als Griff dienen kann.

Woher bekommen wir jetzt Holz, welches wir als Griffmaterial verwenden können? Das ist Gott sei Dank einfach. Im Internet finden wir eine Unzahl an Lieferanten. Bei einer simplen Suchabfrage via Google beispielsweise nach „Holzgriffe Messer“ erhalten wir 893.000 Ergebnisse in 0,41 Sekunden. Hier wartet auf den Messermacher ein kaum überschaubares Spektrum an heimischen und exotischen Hölzern in jeder Preisklasse. Aber um Ihnen, verehrte Leserschaft, die Auswahl etwas zu erleichtern, darf ich hier einen kurzen Überblick sinnvoller Hölzer liefern, von der Eigenschaft des Holzes als auch dessen „kurzfristiger“ Verfügbarkeit her betrachtet. Es ist für uns Messermacher eher unbefriedigend, wenn auf das zur Fertigstellung eines Messers notwendige Griffmaterial mehrere Monate lang gewartet werden muss. Sämtliche hier vorgestellten Holzarten werden und wurden von mir persönlich bereits verwendet und sind als Ausgangsmaterial für Messergriffe allesamt höchst brauchbar. Auch ein weiterer, oft unterschätzter, aber gleichwohl sehr wichtiger Punkt wird beleuchtet: die möglicherweise gesundheitsschädlichen Eigenschaften von Holzstaub, welcher beim Zuschneiden und Schleifen der Messergriffschalen zwangsweise anfällt. Es ist sicherlich nicht lebensgefährlich, wenn wir für ein Messer zwei Griffschalen anfertigen und feinschleifen, aber gesund ist es auf keinen Fall – und wer weiß, vielleicht bleibt es ja nicht bei einem einzigen Messer? Deshalb empfehlen wir nach Rücksprache mit mehreren Fachärzten, beim Schleifen von Harthölzern und Glasfaserverbundstoffen unbedingt eine FFP-3-Schutzmaske zu verwenden. Von einer bildlichen Darstellung der diversen Holzarten wird mit Bedacht Abstand genommen, da bei jeder (notwendigen) Internetorder ausführliches Bildmaterial zur Verfügung steht.

SCHWARZHOLZ-AKAZIE

Eigenschaften: sehr dekorativ, mittelhart, gut mit Handwerkszeug zu bearbeiten, gut zu beizen.
Gesundheitsgefährdung: bedingt.

EUROPÄISCHE ROSSKASTANIE

Eigenschaften: sehr feine Struktur, gut zu bearbeiten, bedarf allerdings regelmäßiger Pflege mit Holzpflegemitteln.
Gesundheitsgefährdung: nein.

KÖNIGSHOLZ (KINGWOOD, VIOLET WOOD)

Eigenschaften: sehr schweres und dichtes Holz, hoch polierbar, aber etwas schwer zu bearbeiten, sehr pflegeleicht.
Gesundheitsgefährdung: bedingt, reizt die Nasenschleimhaut.

OSTINDISCHES SATINHOLZ (ZITRONENHOLZ)

Eigenschaften: sehr schön gemasertes, aber auch extrem hartes Holz, nicht leicht zu bearbeiten, vor allem nicht zu schleifen; gut beizbar, sehr gut zum Polieren geeignet.
Gesundheitsgefährdung: ja, führt zu Reizungen.

PEKANNUSS (FALSCHE HICKORY)

Eigenschaften: Hartholz, relativ schwer zu bearbeiten, aber im fertigen Zustand gut zu polieren.
Gesundheitsgefährdung: nein.

HICKORY

Eigenschaften: sehr zähes und auch hartes Holz, ähnlich Pekannuss, recht schwer mit Handwerkszeug zu bearbeiten, jedoch gut zu schleifen und gut beizbar.
Gesundheitsgefährdung: keine bekannt.

HAINBUCHE (WEISSBUCHE)

Eigenschaften: schweres, hartes Holz, perfekt für Griffe; gut bearbeitbar, im polierten Zustand hochglänzend; unregelmäßige, attraktive Strukturen.
Gesundheitsgefährdung: nein.

POCKHOLZ (IRONWOOD, FRANZOSENHOLZBAUM)

Eigenschaften: sehr hartes, dichtes Holz, relativ schwer zu bearbeiten (ein Problem ist die hohe Ölhaltigkeit: bei zu starkem Schleifdruck „schmiert“ es); hohe Oberflächengüte.
Gesundheitsgefährdung: ja, hautschädigend.

CHAKTE KOK (REDHEART)

Eigenschaften: Hartholz, mittelschwer, dennoch gut zu bearbeiten, sehr schöne Rotfärbung, gut zu polieren; regelmäßige Holzpflege verhindert ein Ausbleichen durch UV-Strahlung.
Gesundheitsgefährdung: ja, kann die Nasenschleimhaut reizen.

MARACAIBO-BUCHSBAUM (PALO BLANCO)

Eigenschaften: dichtes Holz, gut zu bearbeiten, typisches Messergriffholz, sehr gut polierbar.
Gesundheitsgefährdung: nein.

JAPANISCHE KIRSCHE

Eigenschaften: sehr hartes, noch gut bearbeitbares Holz mit einer wunderbar subtilen Farbenvielfalt; im Gegensatz zu anderen Kirschenholzarten ist die japanische nahezu rissfrei.
Gesundheitsgefährdung: nein.

ANDRAMPOTSY (MANOKA)

Eigenschaften: schweres, dichtes Holz, hervorragend zu bearbeiten und zu polieren.
Gesundheitsgefährdung: nein.

COOLIBAH (EUCALYPTUS COOLABAH)

Eigenschaften: sehr hart, nicht ganz einfach zu sägen und schleifen, sehr gut polierbar; Farbe variiert stark zwischen Braun und Rot.
Gesundheitsgefährdung: nein.

AFRIKANISCHES EBENHOLZ

Eigenschaften: extrem hartes, dichtes und schweres Holz, sehr schwer mit Handwerkszeug zu bearbeiten, wunderbarer „Tiefeneffekt“ bei einer abschließenden Hochglanzpolitur; Färbung variiert von Braun bis Schwarz, meistens mit braunen Linien durchzogen; tiefe Schwärze ist lediglich in ca. 10 % der Hölzer zu finden.
Gesundheitsgefährdung: ja, reizt die Nasenschleimhaut.

ESSIGBAUM

Eigenschaften: eher weiches und sprödes Holz, mit Handwerkszeug dennoch gut zu bearbeiten; sehr interessante, grobe dunkle Längsmaserung.
Gesundheitsgefährdung: nein.

MAKASSAR (SULAWESI-EBENHOLZ)

Eigenschaften: seltenes Ebenholz mit weißgrauer bis brauner Maserung, extrem hart und daher mit Handwerkszeug eher schwer zu bearbeiten, jedoch sehr gut polierbar, mit einem leichten Metallfinish; liegt ob seiner relativen Seltenheit im oberen Preissegment.
Gesundheitsgefährdung: ja, kann akute Bindehautentzündung verursachen.

MUSCHELAHORN (HARD MAPLE)

Eigenschaften: mittelhart, mit Handwerkszeug noch gut zu bearbeiten; wunderbarer „3D-Effekt“, hervorgerufen durch die muschelartige Maserung in Verbindung mit dunklen Linien, wirkt sich leider naturgemäß auch auf den Preis aus.
Gesundheitsgefährdung: bedingt, kann die Lungenfunktion beeinträchtigen.

HASELNUSS

Eigenschaften: dichtes und schweres Holz, eher schlicht in der Maserung, mit herkömmlichem Handwerkszeug gut zu bearbeiten.
Gesundheitsgefährdung: nein.

SCHLANGENHOLZ

Eigenschaften: eher kompliziertes Holz, extrem hart, nur sehr schwer zu bearbeiten; reagiert bei Wärmeentwicklung (Schneiden, Schleifen) mit Rissbildung, abgelagertes Holz weist so oder so eine Neigung zur Rissbildung auf; eines der teuersten Hölzer auf dem Markt (Warum so ein Holz verwenden? Ganz einfach: Es ist vielleicht eine der schönsten, eindrucksvollsten Holzarten, welche erhältlich sind).
Gesundheitsgefährdung: ja; Übelkeit, Reizung der Atmungsorgane.

WÜSTENEISENHOLZ

Eigenschaften: extrem hartes, schweres Holz, sinkt im Wasser; schwer zu bearbeiten, langwierig in der Endbehandlung, erfordert feines Schleifleinen (Körnung 1000 aufwärts); das Ergebnis ist allerdings jede Mühe wert.
Gesundheitsgefährdung: ja, der extrem feine Schleifstaub ist sehr unangenehm und reizt die Nasenschleimhaut.

COCUS

Eigenschaften: sehr hart und dicht, lässt sich hervorragend bearbeiten und ist ein begehrtes Schnitzholz; wird hauptsächlich für Holzblasinstrumente oder auch Messergriffe verwendet, Kernholz ist braun bis rotbraun, durchzogen von dunklen Linien und auch rötlichen Flecken.
Gesundheitsgefährdung: nein.

PINK IVORY

Eigenschaften: trägt auch den Beinamen „königliches Holz der Zulu", relativ geringe Verfügbarkeit und stolzer Preis; hart und schwer, sehr feine Struktur, Maserung weist eine schöne rosarote Streifenbildung auf; sehr gut polierbar.
Gesundheitsgefährdung: nein.

YORK GUM (EUCALYPTUS AUSTRALIS)

Eigenschaften: sehr hart und schwer; sicherlich eines der schönsten und rissfreiesten Maserhölzer Australiens, überaus feine und dichte Maserung, trotz der Härte recht gut mit Handwerkszeug zu bearbeiten, sehr gut polierbar; wegen seiner Seltenheit im oberen Preissegment.
Gesundheitsgefährdung: nein.

BLACK PALISANDER

Eigenschaften: etwas kontroverses Holz für Fortgeschrittene; aufgrund zweier sehr unterschiedlicher Härteeigenschaften eher schwierig zu bearbeiten (die schwarzen „Nadeln" sind extrem hart und dicht, das dazwischenliegende „Fleisch" ist eher weich), Bearbeitung erfordert daher immer scharfe Werkzeuge; Holzbild ist in der Hirnansicht besonders spektakulär und einzigartig; nur der äußere Bereich des Stammes ist verwertbar, da der Kern extrem weich, meist sogar faulig ist.
Gesundheitsgefährdung: nein.

WILDBIRNE

Eigenschaften: dicht und hart, besonders begehrt in Kunsttischlereien, aber auch für Schnitzereien trotz der Härte gut geeignet, gilt als das beste Holz für Holzschnitte (Xylografie); wurde früher (und auch heute noch! Vorsicht vor Sonderangeboten!) wegen seiner sehr ähnlichen Struktur auch schwarz gebeizt und als Ebenholzersatz genutzt.
Gesundheitsgefährdung: kann die Nasenschleimhaut reizen.

ECHTE MEHLBEERE

Eigenschaften: hart und mittelschwer, sowohl für Kunsthandwerk jedweder Art als auch für Messergriffe gut geeignet; gutmütiges Holz, für erste Schritte im Messerbau sehr geeignet.
Gesundheitsgefährdung: nein.

MOOREICHE

Eigenschaften: keine eigene Holzart – es handelt sich um große, gestürzte Eichenstämme, welche in Moorlandschaften unter Sauerstoffabschluss über Jahrtausende die Zeit überdauert haben; durch die chemische Reaktion von Gerbsäure und im Wasser vorhandenen Salzen sehr hart, Verfärbung kann sehr unregelmäßig sein und variiert von Braun über Dunkelgelb und Blaugrau bis Tiefschwarz; kann bis zu 10.000 Jahre alt sein.
Gesundheitsgefährdung: nein.

ZWETSCHKE (PFLAUMENBAUM)

Eigenschaften: hart, trotzdem noch gut zu bearbeiten, neigt zu einer gewissen Sprödigkeit; Farbe schwankt zwischen Hellbraun bis fast Gelb und Dunkelbraun.
Gesundheitsgefährdung: nein.

EIBE (EUROPÄISCHE)

Eigenschaften: in der keltischen Mythologie das Tor zur Anderswelt; aufgrund ihrer extremen Elastizität in Europa fast ausgerottet, Ausgangsmaterial für den berühmten englischen Langbogen; schwer, sehr hart und extrem biegsam; Bearbeiten ist ob dieser Eigenschaften ein wenig mühsam, doch mit gutem Handwerkszeug durchaus zu schaffen; wunderbar zu polieren, meist goldfarbig bis orangebraun mit dunklen Streifen.
Gesundheitsgefährdung: ja; Eibenholz selbst ist hochgiftig, der Schleifstaub kann Sehstörungen, Blutdruckabfall und Übelkeit verursachen!

EUROPÄISCHE STECHPALME

Eigenschaften: sehr hart, dicht und schwer, die Färbung ist annähernd hellgrau bis fast weiß, die Maserung eher nuanciert-sublim gehalten; mit gutem Handwerkszeug problemlos zu bearbeiten; schwarz gebeizt als Ebenholzersatz im Handel.
Gesundheitsgefährdung: nein.

GOLDREGEN

Eigenschaften: relativ hart, dicht, goldbraun bis braun; gut zu bearbeiten und zu polieren.
Gesundheitsgefährdung: ja; nicht nur die Samen, auch der Schleifstaub ist giftig!

OLIVE

Eigenschaften: dicht und hart, bei Stücken von knorrigen, alten Bäumen zeigt sich eine fantastische, lebhafte Struktur; recht gut zu bearbeiten, extrem ölhaltig, neigt hin und wieder zu Rissbildung.
Gesundheitsgefährdung: ja, kann zu Augenreizungen führen.

SANDDORN

Eigenschaften: mittelhart, auch mit Handwerkszeug gut zu bearbeiten, sehr gut polierbar; dunkelrot bis braun, oftmals mit einer weichen, wellenförmigen Maserung.
Gesundheitsgefährdung: nein.

STEINEICHE

Eigenschaften: Klassiker unter den für uns in Betracht kommenden Hölzern; hart, schwer und „ewig haltbar“; ob der markanten Maserung und Färbung sehr begehrt.
Gesundheitsgefährdung: kann zu Nasenschleimhautreizungen führen.

Es gibt aber auch noch andere Materialien, die für einen Messergriff infrage kommen – es muss nicht immer Holz sein.

Griffe aus Glasfaserverbundstoff mit schier unzähligen Variationen in Farbe, optischen Effekten und Strukturen, bekannt unter Namen wie Kirinite und Mircata, sind eine echte Alternative zum üblichen Holzgriff. Die Vorteile dieser Materialien sind in erster Linie ihre dimensionale Beständigkeit, absolute Wasserfestigkeit und die damit – im Vergleich mit Holzgriffen – vernachlässigbare Pflege.

In der Bearbeitung besteht kein großer Unterschied zu Holzgriffen, auch wenn Griffe aus Glasfaserverbundstoff weder reißen noch splittern.

Staubschutzmasken sind hier wie dort ein Muss; der Schleifstaub von Edelhölzern wie auch von Glasfaserprodukten ist absolut gesundheitsschädlich.

Weitere Griffmaterialien sind Hörner, Zähne und Knochen. Auch hier reicht das weite Spektrum von Geweihen heimischer und exotischer Hirscharten über Büffelhorn, Giraffenknochen und Penisknochen von Walrossen bis hin zu fossilem Elfenbein und Knochen des Wollnashorns.

Aber Achtung! Diese „biologischen" Griffmaterialien sind nicht immer ganz einfach zu bearbeiten (zu den möglichen Komplikationen zählen Ausbrechen, Reißen und Splittern) und teilweise sehr pflegebedürftig, sie sind also nicht die beste Wahl für die ersten Versuche. Die Entscheidung für eines der

Auch Hirschhorn und Knochen sind bewährte Griffmaterialien. © Messerschmiede Zeilinger

diversen Erzeugnisse ist reine Geschmackssache, eine Frage der persönlichen Vorlieben, wobei uns auch hier die Vernunft rät, kurz zu überlegen, welcher der eigentliche Verwendungszweck unserer Klinge sein soll: An einem Gebrauchsmesser für den harten Jagdalltag ist ein Griff aus Mammutelfenbein möglicherweise nicht wirklich optimal.

Jetzt fehlen uns noch Kleinteile und Hilfsmittel.

Zum sicheren und unlösbaren Verbinden des Griffes mit der Klinge verwenden wir sowohl Industrie-Zweikomponentenkleber als auch Metallpins, entweder aus Edelstahl oder aus Messing; dazu benötigen wir 6-mm-Rundmaterial aus dem Baumarkt. Eine Stange von 100 mm Länge ist ausreichend.

Damit sind alle benötigten Komponenten für unser Klingenprojekt aufgezeigt. Fassen wir noch einmal zusammen: Werkzeug, Vorrichtungen (mehr dazu im Folgekapitel – immer nach dem dualen Prinzip), Stahl, Griffmaterialien, Kleinteile und Hilfsmittel.

Jetzt wollen wir uns unserer wichtigsten Vorrichtung zuwenden.

© Messerschmiede Zeilinger

DIE ESSE

Die Esse ist vermutlich eine der ältesten Metallbearbeitungsvorrichtungen der Menschheit. Schon in der Jungsteinzeit, ca. 4000 v. Chr., begannen die Menschen damit, in speziellen Essen – mit Lehm verkleideten Schachtöfen – Kupfer aus kupferhaltigem Gestein auszuschmelzen. Wir wollen es dann aber doch ein wenig moderner angehen.

Für uns kommen generell zwei Arten von Essen in Frage: die Kohle-Esse (betrieben mit Holzkohle – *bitte ausschließlich im Freien verwenden!*) und die Gas-Esse (betrieben mit Propangas).

Wir wollen uns kurz die jeweiligen Vor- und Nachteile ansehen.

Kohle-Essen

Hier haben wir die Möglichkeit, aus drei „Modellen" dasjenige zu wählen, welches uns am meisten zusagt.

Die Ziegel-Esse

Sie besteht aus acht Ziegelsteinen à 30 x 40 x 15 cm, einem Wasserleitungsrohr 3/4 Zoll plus Endstück, einem Stück Fahrradschlauch, einer Rohrschelle aus Metall sowie einem alten Haartrockner oder einer Luftpumpe. Die Vorteile dieses sehr einfachen Modells sind fraglos seine schlichte Bau-

© Messerschmiede Zeilinger

© Messerschmiede Zeilinger

weise und die daraus im Einkauf resultierenden geringen Kosten. Ein Nachteil mag sein, dass es sich dabei eben um einen „Bausatz“ handelt, den man für jeden Schmiedevorgang erneut zusammenbauen muss. Auch hinterlässt diese Esse beim Abbau nach dem Schmieden viel Holzkohle am Boden.

Die Gartengrill-Esse

Nun kommt unser alter eiserner Gartengrill doch noch einmal zu Ehren: Wir funktionieren ihn zu einer Schmiedeesse um. Abgesehen vom Grill benötigen wir lediglich noch ein Wasserleitungsrohr 3/4 Zoll mit Endstück sowie wiederum einen Fahrradschlauch, eine Rohrschelle aus Metall, einen Haartrockner oder eine Luftpumpe. Auch hier ist der geringe Kostenfaktor ein Vorteil; man darf aber auch nicht verschweigen, dass ein „normaler“ Gartengrill nicht für Temperaturen um die 1000 °C gebaut worden ist. Auch der beste Haartrockner wird bei dieser Verwendung nicht ewig halten; er kann deshalb ebenso wie der Grill nur ein Provisorium sein, wie wir es bei unserer **Methode A** verwenden wollen.

Widmen wir uns den Möglichkeiten im Rahmen unserer **Methode B**.

Die Hand-Kohle-Esse

Noch lange kein „richtig professionelles“ Gerät ist die sogenannte Hand-Esse, eine kleine Kohle-Esse mit integriertem handbetriebenen (daher auch der Name) Gebläse. Diese kleinen Hand-Essen bekommt man um kleines Geld im Fachhandel oder gebraucht in diversen Secondhandläden.

Die Vorteile dieser Esse sind unübersehbar: Sie lässt sich überall und unabhängig von einer Stromquelle schnell aufbauen, ist von allen vorgestellten Essen die mit dem geringsten Platzbedarf und ist zusätzlich

© Messerschmiede Zeilinger

© Messerschmiede Zeilinger

– wichtig nach dem Schmieden – leicht zu reinigen. Für den Fall, dass es nicht beim ersten Schmiedeversuch bleiben sollte, ist eine eiserne Hand-Esse sehr robust und damit ausgesprochen langlebig.

Die Gas-Esse

Mit diesem typischen Gerät für die **Methode B** sind wir jetzt tatsächlich schon ein wenig im „richtig professionellen" Bereich des Klingenschmiedens angekommen, getreu unserem Motto: „Kann man machen, muss man aber nicht."

Die Gas-Esse, im Aufbau so simpel wie alle Essen, benötigt als Energiequelle Propangas. Entzündet in einer hitzebeständigen Brennkammer, wird auf diese Weise unser Stahlstück in sehr kurzer Zeit auf Schmiedetemperatur erhitzt.

Der Vorteil der Gas-Esse ist die sehr emissionsarme Arbeitsweise, wodurch sie sich auch in gut belüfteten geschlossenen Räumen verwenden lässt. Im Vergleich mit Kohle-Essen ist darüber hinaus der sehr saubere, rückstandsfreie Betrieb während des Schmiedeprozesses hervorzuheben. Propangas ist einfach und jederzeit erhältlich – im Baumarkt, an Tankstellen ... Eine Gas-Esse beläuft sich im Handel neu auf unter 200 Euro, gebraucht finden wir sie auf diversen Secondhand-Internetplattformen.

Sicher könnte ein gewiefter Bastler im Baumarkt die notwendigen Komponenten, wie Schläuche, Druckminderer, Gasdruck-Niederdruckregler, Anschlüsse, Brenndüsen, Schlauchbruchsicherungen etc., kaufen

© Messerschmiede Zeilinger

und sich daraus eine Gas-Esse „improvisieren". *Davon rate ich jedoch explizit ab!* Auch wenn im Internet und in einigen Publikationen sogenannte Bauanleitungen angeboten werden, teils mit Konservendosen als Brennkammer, so darf man auf keinen Fall vergessen, dass hier mit Propangas gearbeitet wird, einem extrem leicht entflammbaren Gas, welches in Verbindung mit Luft ein hochexplosives Gemisch bildet. Propangas ist an sich nicht gefährlich, sonst würden wir es nicht verwenden, aber ein verantwortungsvoller Umgang – vor allem beim „Selbermachen" – sollte selbstverständlich sein, wie bei allen unseren Arbeitsschritten.

Nach diesem kurzen Exkurs über verschiedene Essen wollen wir nun damit beginnen, die ausgewählte Esse aufzubauen und in Betrieb zu nehmen – bei der **Hand-Kohle-Esse** als Fertigprodukt ist dies aber natürlich nicht notwendig. Wir beginnen mit der einfachen Ziegelesse.

BAU EINER ZIEGEL-ESSE

MATERIAL

8 Ziegelsteine (z. B. Thermoziegel NF) 30 x 40 x 15 oder ähnliche Dimensionen
1 Stück Wasserleitungsrohr 3/4 Zoll, ca. 80 cm, inkl. Endstück
1 Stück Fahrradschlauch
1 Haartrockner oder Gebläse, bei fehlendem Stromanschluss Handpumpe
1 Metallschlauchklemme (Schelle)
Klebeband
Handbohrmaschine
Metallbohrer 6 mm
Steinbohrer 8 mm / **Steinbohrer 20 mm**
(Länge 150 mm)
Schlosserhammer
Körner

1. Damit haben wir alle Bestandteile unserer geplanten Ziegel-Esse zur Hand. Jetzt steht dem Bastelspaß wie zu Kinderzeiten nichts mehr im Wege.

2. Wir benötigen als Erstes einen nicht entzündbaren Untergrund. Jetzt legen wir den ersten Stein, ähnlich einem Fundament, flach auf den Boden, zwei weitere als Seitenwände hochkant links und rechts daneben. Ein Stein – unser Frontstein – bildet den vorderen, ein weiterer den hinteren Abschluss.

3. Wir markieren mit einem Stift die innere Unterkante unseres Frontsteines.

Material zum Bau der Ziegel-Esse.

Ziegelsteine platzieren.

Unterkante des Frontsteines markieren.

4. Nun nehmen wir den Frontstein, bestimmen mittels der Markierungslinie die Mitte des Steines und bringen dort ca. 10 mm über der Linie einen weiteren Markierungspunkt an.

5. Dieser zeigt an, wo wir gleich eine Bohrung für das Belüftungsrohr anbringen werden.

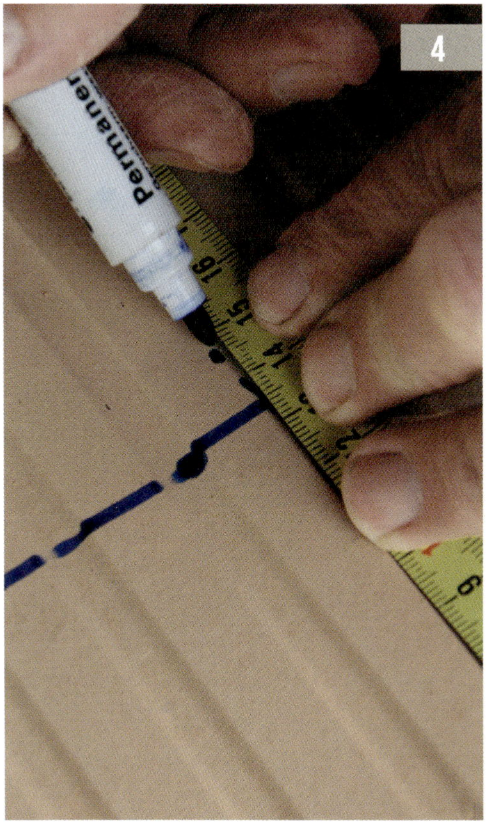

Bohrstelle für Belüftungsrohr markieren.
© Messerschmiede Zeilinger

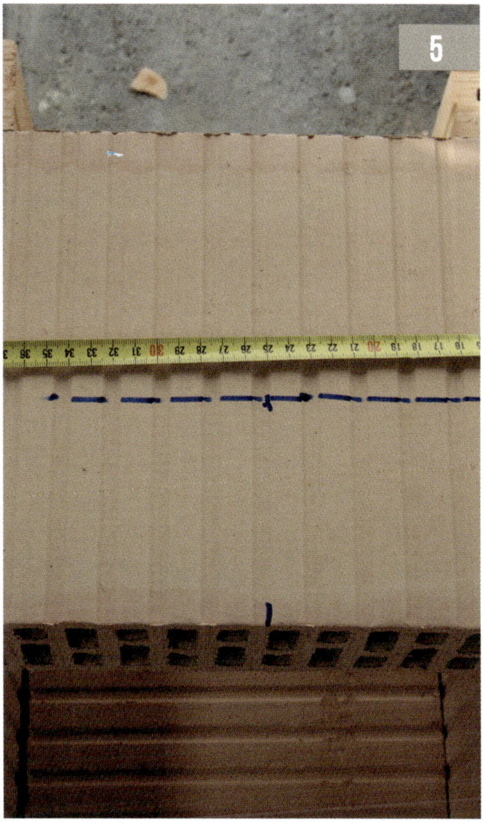

Frontstein mit Markierungen.
© Messerschmiede Zeilinger

6. Zu diesem Zweck nehmen wir unsere Handbohrmaschine, spannen den **20-mm-Steinbohrer** ein und bringen die Bohrung an. Geht ganz leicht.

7. Sollten Sie keinen 20-mm-Steinbohrer besitzen, kommt unsere **Methode A** zum Einsatz. Das heißt hier: Wir erweitern nun unsere Bohrmarkierung um einen Kreis mit dem Durchmesser 20 mm. Die ursprüngliche Markierung dient als Mittelpunkt.

Methode B: Bohrung für das Belüftungsrohr, 20 mm. © Messerschmiede Zeilinger

Methode A: „Vorbohren“ eines 20-mm-Loches mit dem 8-mm-Bohrer. © Messerschmiede Zeilinger

8. Anschließend setzen wir mit einem vorhandenen, ausreichend langen Bohrer entlang der Kreislinie durchgehende Bohrungen, eine neben der anderen. Mittels eines kleinen, schmalen Meißels – zur Not tut's auch ein Schraubenzieher – trennen wir anschließend mit vorsichtigen Schlägen das Mittelstück heraus.

9. Nun haben wir einen Frontstein mit einer 20-mm-Bohrung für unser Lufteinblasrohr, welches wir als Nächstes fertigstellen.

Methode A: Herausmeißeln des Innenstückes.
© Messerschmiede Zeilinger

Fertiger Frontstein mit Lufteinstromöffnung.
© Messerschmiede Zeilinger

10. Zuerst schrauben wir an einem Ende unseres Einblasrohres das Endstück fest.

11. Dann bringen wir, ausgehend vom Endstück, alle 60 mm mit unserem Stift eine Markierung an. Wir sollten so auf insgesamt sieben Markierungen kommen.

12. Auch hier gilt: Erlaubt ist, was funktioniert. Wenn Sie, lieber Messerschmied, zehn Bohrungen in kleineren Abständen für besser halten, dann folgen Sie ruhig Ihrem Gefühl, das hat keinen Einfluss auf die Funktion.

Nun werden wir Körner setzen, kleine runde Vertiefungen, damit sich unser Bohrer nicht verläuft. Wir nehmen unseren Hammer und den Körner und setzen an den Markierungen unsere Schlagmale.

Belüftungsrohr mit Endstück.

Anzeichnen der Markierungen am Belüftungsrohr.

13. Anschließend gehen wir zu unserer **Einspannvorrichtung** / **Standbohrmaschine**. Meistens ist bei den Letzteren ein kleiner **Maschinenschraubstock** dabei; wir können aber auch problemlos ein **Stück Kantholz** (z. B. 150 x 50 x 50 mm) verwenden. Damit bohren wir nun unsere Luftauslasslöcher. Sollte ihre Bohrmaschine über eine Drehzahlregelung verfügen, so sollten Sie sie auf ca. 600 U/min einstellen.

14. Nun noch kurz mit einer Feile über die Bohrungen streichen, um etwaige Grate zu entfernen. Schlussendlich bauen wir unsere Esse wieder zusammen, setzen das Belüftungsrohr in den Frontstein ein und bringen am vorderen, offenen Ende unseren Fahrradschlauch an, den wir mit der Rohrschelle fixieren.

Zuletzt befestigen wir noch den Fahrradschlauch auf jede beliebige zielführende Art an unserer Luftquelle. Die Möglichkeiten reichen hier von einer weiteren Rohrschelle über Kabelbinder bis hin zum beliebten starken Klebeband. Die Verwendbarkeit hängt ganz vom Auslassquerschnitt unserer Luftquelle ab.

Damit ist unsere Ziegel-Esse fertig und einsatzbereit. Nun müssen Sie sie nur noch mit Holzkohle anfüllen, diese wie bei einem Grill anzünden – und sobald die notwendige Hitze vorhanden ist (die zugeführte Luft wirkt hier wahre Wunder), können Sie loslegen.

Das Rohr an den Markierungen ankörnen. (oben li.)

Belüftungsrohr sicher fixieren und Luftauslasslöcher bohren (oben re.).

Belüftungsrohr und Luftquelle mittels Fahrradschlauch verbinden (li.).

BAU EINER GARTENGRILL-ESSE

MATERIAL

Gartengrill (wannenförmiger Kohlebehälter)
1 Stück Wasserleitungsrohr 3/4 Zoll, entsprechend der Größe des Kohlebehälters, inkl. Endstück
1 Stück Fahrradschlauch
1 Haartrockner oder Gebläse, bei fehlendem Stromanschluss Handpumpe
1 Metallschlauchklemme (Schelle)
Klebeband
Halbrund-/Rundfeile 300 mm, schrupp
Metallbohrer 6 mm / **Metallbohrer 20 mm**
Metallmeißel klein

1. Hier gelten die gleichen Prinzipien wie bei jeder Esse: Wir benötigen ein Behältnis für unsere Holzkohle und eine ausreichende Luftzufuhr zur Erzeugung der notwendigen Temperatur.

Als Erstes bringen wir auf der Seite unseres Kohlebehälters eine Öffnung für unser Lufteinblasrohr an. Es gibt nun zwei Möglichkeiten: Entweder verwenden wir einen **20-mm-Bohrer**, nachdem wir zuvor mit dem 6-mm-Bohrer vorgebohrt haben.

2. Oder wir bringen mittels unseres **6-mm-Bohrers** mehrere Bohrungen entlang einer Kreislinie mit dem Durchmesser 20 mm an.

20-mm-Spiralbohrer für die Lufteinblasöffnung im Kohlebehälter. © Messerschmiede Zeilinger

Ist nur ein **6-mm-Bohrer** zur Hand, erst mittig …

… und dann im Durchmesser 20 mm rundherum bohren © Messerschmiede Zeilinger

3. Anschließend meißeln wir das ca. 20 mm durchmessende Kreissegment heraus. Zum Schluss glätten wir die Öffnung für unser Lufteinblasrohr mit der Rund- oder Halbrundfeile. Das Lufteinblas-/Belüftungsrohr wird angebohrt, wie beim Bau der Ziegel-Esse ausführlich beschrieben. Alsdann steht der Fertigstellung nichts mehr im Wege.

Das Belüftungsrohr wird durch die Öffnung gesteckt und mit dem Endstück verschraubt. Anschließend befestigen wir mit unserer Schlauchklemme den Fahrradschlauch am Rohrende einerseits und an der Luftquelle andererseits. Wie bei der Ziegel-Esse sind hier alle Mittel erlaubt, welche sich als zielführend erweisen (Kabelbinder, Schlauchklemme, Klebeband etc.). Auch die Grill-Esse ist nun fertig und betriebsbereit.

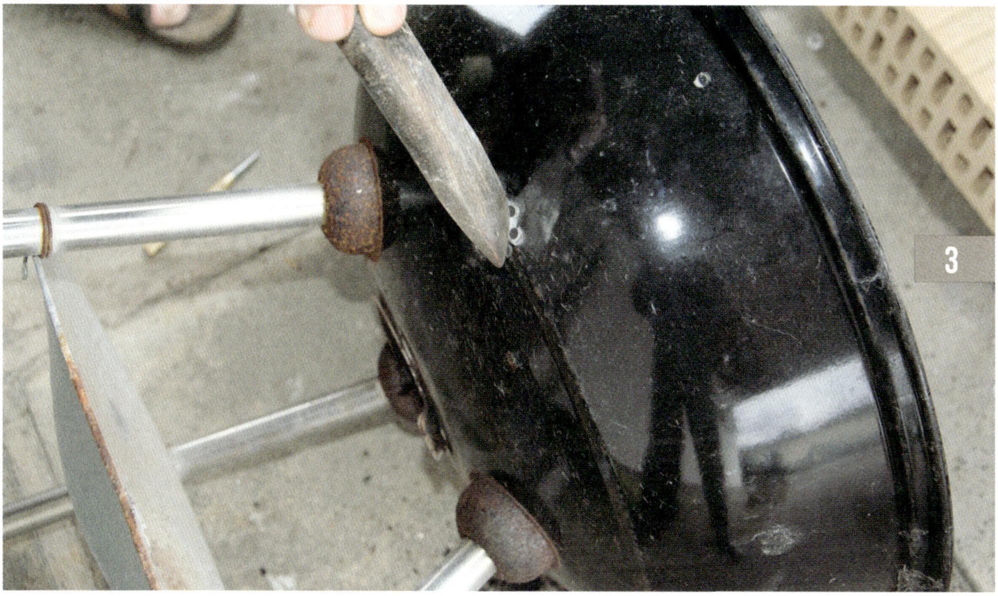

Innenteil des Bohrringes herausmeißeln und scharfe Kanten glätten. © Messerschmiede Zeilinger

DIE GASESSE

1. Die Gas-Esse besteht aus drei Hauptkomponenten: erstens der Brennkammer mit einem, zwei oder mehr Brennern.

2. Hinzu kommen die Schläuche mit den Gasauslassdüsen, Druckreglern und dem Anschlussgewinde an der Gasflasche sowie zuletzt die Gasflasche selbst.

3. Beim Anschließen der Gasflasche hören wir natürlich vorsichtshalber genau hin, ob wir nicht vielleicht ein verdächtiges leises Zischen hören, welches auf unerwünschten Gasaustritt schließen lassen könnte.

Gezündet wird die Gas-Esse mittels eines brennenden Papierschnitzels, welches wir direkt in der Brennkammer deponieren und *erst dann* das Gassperrventil öffnen.

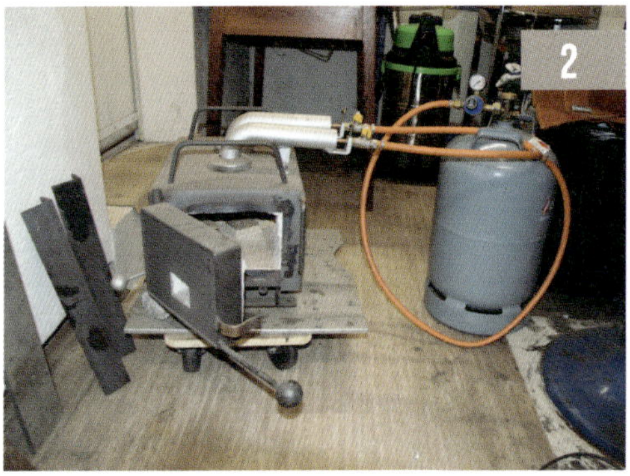

Blick auf die fertig montierte Gas-Esse von oben … (oben li.)

… und von vorn (oben re.).

Nach Einlegen der Zündflamme das Gas einströmen lassen. (li.)
© Messerschmiede Zeilinger

DER SCHMIEDEVORGANG

Nun geht es endlich richtig los!

Wir haben eine funktionsfähige Esse zur Verfügung, Stahl zum Umschmieden, eine oder zwei Zangen und einen Hammer. Weiters eine ganz gewöhnliche dünne Eisenstange, an einem Ende im rechten Winkel abgebogen, die wir brauchen, um in der glühenden Kohle der Esse unser Schmiedestück optimal zu platzieren, Kohlestücke zu verschieben etc.

Unser **Schienenstück** / **Amboss** ist auf den beiden Holzstücken aufgestellt.

Optimal ist es, wenn sich alles in Griffreichweite um die Esse herum befindet. Wenn man von der Esse zum Amboss einmal quer durchs Haus laufen muss, ist tatsächlich noch ein wenig Platz für Verbesserung vorhanden ...

Es darf auch nichts am Boden herumliegen, das sich entzünden könnte, wenn uns das glühende Werkstück während des Schmiedens einmal zu Boden fällt. Und bitte glauben Sie mir, es wird zu Boden fallen ...

1. Zur Technik des Schmiedens: Als Erstes sehen wir uns den Hammer einmal genauer an. Wir erkennen eine schmale Seite, die Finne, und eine breite Seite, die Bahn. Man kann jetzt noch bei dem normalen Schlosserhammer die Kanten an Finne und Bahn mit der **Feile** oder dem **Schleifband** etwas abrunden – das ist aber nicht zwingend erforderlich. In unserem Fall dient die schmale Finne dazu, unsere Klinge zu verbreitern. Die Bahn benützen wir, wenn wir unsere Klinge noch strecken – „auslängen" – wollen.

2. Zu diesem Zweck stehen wir nicht frontal zum **Schienenstück** / **Amboss**, sondern seitlich.

Die schmale Seite des Hammers („Finne") dient zum Verbreitern der Klinge. Die breite Seite des Hammers („Bahn") dient zum Verlängern der Klinge. © Messerschmiede Zeilinger

Korrekt steht der Schmied seitlich zur Schmiedeunterlage. © Messerschmiede Zeilinger

3. So wir Rechtshänder sind (Linkshänder bitte spiegelverkehrt arbeiten), halten wir den Hammer in der rechten und die Zange in der linken Hand. Unser Schmiedegut oder Rohling bildet mit der Längsachse des **Schienenstücks** / **Ambosses** einen rechten Winkel. Der Hammer trifft im Idealfall stets den gleichen Bereich des **Schienenstücks** / **Ambosses**, nur die zu bearbeitende Klinge verändert im Verlauf des Schmiedens ihre Position.

(Wie Sie als aufmerksamer Beobachter sicherlich bemerkt haben, sind unsere Demonstrationsobjekte nicht aus rot glühendem Stahl, sondern aus Knetmasse. Der Grund: Durch die schnelle Abkühlung eines Klingenrohlings verändert sich bei solchen Standaufnahmen wie den hier abgebildeten laufend die Glühfarbe, wodurch eine sinnvolle fotografische Abbildung eher schwierig wäre.)

Korrekte Positionierung des Schmiedeguts, des Ambosses und des Schmiedes.

4. Nun befeuern wir die Esse Ihrer Wahl. Die eingeblasene Luft macht's – wie beim Grillen, Sie merken es sofort – sehr viel einfacher.

Unser Rund- oder Vierkantstahlstück wird von Beginn an in die Glut gelegt. Aus metallurgischer Sicht ist es nämlich von Vorteil, den Stahl „langsam" zu erwärmen und auf Schmiedetemperatur zu bringen. Die richtige Schmiedetemperatur für unser Werkstück ist dann erreicht, wenn dieses eine durchgehende gelb-rote bis hellgelb-rote Farbe angenommen hat (siehe Farbtabelle), das entspricht einem Temperaturbereich von ca. 950 °C bis 1000 °C. *Die Einhaltung dieses Temperaturbereiches ist sehr wichtig.* Geraten wir nämlich in einen niedrigeren, kälteren Temperaturbereich, verfallen wir ins „Kaltschmieden". Erstens wird es plötzlich viel schwerer, das Metall zu verformen, und zweitens laufen wir Gefahr, dass in unserem Schmiedestück Risse entstehen, da sich das Stahlgefüge bei niedrigen Temperaturen nicht so schnell umformen kann.

Auch im höheren Temperaturbereich lauert Gefahr. Wenn das Werkstück zu heiß wird, sich schon im hellgelben Farbbereich befindet (ca. 1200 °C), wird der Kohlenstoff im Stahlgefüge verbrennen. Das sieht eigentlich recht hübsch aus, wie eine Wunderkerze am Christbaum, ist aber fatal, da wir ja den Kohlenstoff dringend zum anschließenden Härten brauchen.

Ein Tipp: Man kann die optimale Schmiedetemperatur nicht nur sehen, man kann sie auch hören! Wenn der Hammerschlag so klingt, wie wenn man die geballte Faust in die hohle Hand schlägt, dann ist es perfekt. Klirrt es jedoch so, als träfe der Hammer nur auf die leere Unterlage, sind wir bereits zu kalt unterwegs.

5. Sollten wir uns für die Verwendung von Damaststahl – egal ob pulvermetallurgisch oder ein guter Damastblock aus Monostahl – entschieden haben, so müssen wir zwei Eigenheiten des Damasts Rechnung tragen: Der Temperaturbereich liegt mit 1000–1100 °C (Glühfarbe gelb) ein klein wenig höher als beim herkömmlichen Monostahl. Das Wichtigste ist aber die Schmiededauer – wir verfügen hier über ein nur sehr kleines Temperaturfenster, das heißt, der Damaststahl muss bei den angegebenen Temperaturen geschmiedet werden. Er ist infolge der während des Schmiedevorganges schnell abfallenden Temperatur des Schmiedegutes also nicht lange bearbeitbar – er muss heiß geschmiedet werden. Das bedeutet, dass wir nur wenig Zeit haben, um den Stahl mit Hammerschlägen zu bearbeiten, bevor er wieder zurück in die Glut des Schmiedefeuers muss. Das ändert nichts am allgemeinen Ablauf des Schmiedens, es dauert allerdings ein wenig länger.

Ein weiterer Punkt ist die Nachbehandlung: Wie wir noch sehen werden, kommt die rohfertige Klinge nach dem Schmieden zurück in die Esse, um eine etwaige „Lufthärtung" zu vermeiden. Das ist gerade bei Damaststahl sehr wichtig. Dieser muss, anders als normaler Monostahl, vor der Weiterbearbeitung nochmals weichgeglüht werden. Es wird die Esse auf Schmiedetemperatur aufgeheizt, dann die Klinge hineingelegt und im Falle einer Kohlenesse mit der Kohle bedeckt, schließlich gewartet, bis sie ausgekühlt ist. Es besteht auch die Möglichkeit, die Klinge in einer professionellen Messerschmiede oder einem Töpferladen für kleines Geld weichglühen zu lassen. Die genauen Daten hinsichtlich Temperatur und Haltedauer sind den Damastblöcken in einem Datenblatt beigelegt.

FARB-TAFEL	TEMPERATUR IN °C	FARB-BESCHREIBUNG
	200	Weißgelb
	220	Strohgelb
	230	Goldgelb
	240	Gelbbraun
	250	Braunrot
	260	Rot
	270	Purpurrot
	280	Violett
	290	Dunkelblau
	300	Kornblumenblau
	320	Hellblau
	340	Blaugrau
	360	Grau

FARB-TAFEL	TEMPERATUR IN °C	FARB-BESCHREIBUNG
	550	Dunkelbraun
	630	Braunrot
	680	Dunkelrot
	740	Dunkelkirschrot
	780	Kirschrot
	810	Hellkirschrot
	850	Hellrot
	900	gut Hellrot
	950	Gelbrot
	1000	Hellgelbrot
	1100	Gelb
	1200	Hellgelb
	1300	Gelbweiß

6. Falls wir uns für eine Spiralfeder vom Autoschrottplatz entschieden haben, so müssen wir unseren Schmiederohling noch geradebiegen. Natürlich erhitzen wir nicht die gesamte Feder, sondern **sägen mit der Metallsäge** oder **trennen mit dem Winkelschleifer** ein Stück ab. Wie schon oben erwähnt, sollte bei Rundmaterial mit einem Durchmesser von 20 mm eine Länge von 100 mm mehr als ausreichend sein. Lieber etwas mehr Material verwenden: Kürzen ist kein Problem, Verlängern hingegen schon …

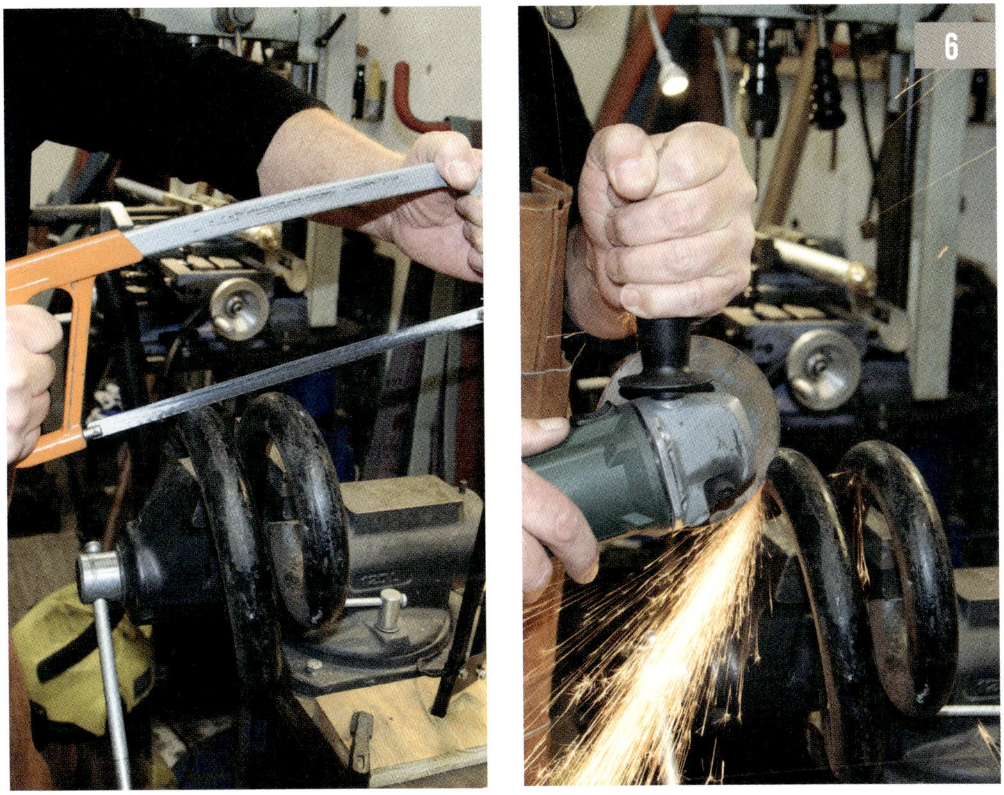

Ausschneiden eines geeigneten Federstücks mit **Handsäge** (li.) oder **Winkelschleifer** (re.).

7. Nun erwärmen wir unser „Bogenstück" auf Schmiedetemperatur (siehe Tabelle). Dann im rechten Winkel zum Amboss auflegen – die Wölbung zeigt nach oben – und mit dem Hammer begradigen.

8. Wir beginnen damit, unser Rohmaterial in eine flache Klingenform umzuschmieden. Mit kontrolliert wuchtigen Schlägen der Bahn unseres Hammers flachen wir unser Stück aus. Eine alte Schmiedeweisheit besagt, dass der Hammer die Ohren sehen will – man darf also kräftig ausholen. Wenn eine Seite des Schmiedestücks flach ist, tauschen wir die Rohrzange gegen eine **Gripzange** oder eine **flache Schmiedezange**, um die noch nicht bearbeitete Seite ausschmieden zu können.

9. Jetzt beginnt schon der Teil des Schmiedens, den wir auch „Modellieren" nennen: Wir achten darauf, dass wir nicht zu viel verformen, nicht zu dünn ausschmieden, das ist nämlich nicht reversibel. Die Klinge sollte am Ende der ersten Übung durchgehend die gleiche Form in Breite und Stärke aufweisen.

Das erhitzte Federstück mit dem Hammer begradigen. © Messerschmiede Zeilinger

Ausflachung des Federstücks.
© Messerschmiede Zeilinger

10. Dazu kann und wird es auch notwendig sein, die Klinge hochkant, also um 90° gedreht zu schmieden, um die Klinge auch entlang ihrer Längsachse gerade zu halten.

Optimal ist es, wenn unser Klingenrohling am Ende des Schmiedevorganges eine „Stärke“ von 6–8 mm aufweist. Das erlaubt uns nämlich, in weiterer Folge die Klinge – je nach Endfinish – noch abzuschleifen, ohne sie zu sehr auszudünnen. Die Kerben, die durch das Bearbeiten mit der Finne entstanden sind, werden anschließend mit der flachen Seite, der Bahn, wieder geglättet. Was wir schon beim Schmieden begradigen können, müssen wir später nicht schleifen!

11. Bevor wir nun zum Schmieden der Spitze kommen, noch ein Wort zu oft im Internet gezeigten „weiterführenden“ Schmiedeübungen, wie z. B. dem „Anschrägen“ von Schneidfasen, dem Anbringen von Fingermulden und Ähnlichem. Derartige Kunststücke wollen wir im Sinne eines Buches für Anfänger bewusst nicht anbieten. In vielen meiner Schmiedekurse musste ich feststellen, dass jemand ohne ausreichende Erfahrung mit Manövern dieser Art schnell überfordert und, noch schlimmer, frustriert ist, da er möglicherweise seinen ersten Klingenrohling irreparabel beschädigt hat.

„Hochkant“-Schmieden der Klinge zur Begradigung. © Messerschmiede Zeilinger

Nun aber zum Schmieden der Spitze. Warum sollten wir die Spitze schmieden? Wäre es nicht einfacher, sie kurzerhand schräg abzuschneiden? Nein. Wenn wir die Spitze schmieden, zerstören wir im Gegensatz zum Absägen nicht die Gefügestruktur des Stahls und verleihen dadurch dem dünnen, eher empfindlichen Spitzenbereich mehr Festigkeit. Zu diesem Zweck stellen wir unsere Klinge hochkant auf **unser Schienenstück** bzw. **unseren Amboss** und formen mit wuchtigen Schlägen unsere Spitze aus. Es muss zu diesem Zeitpunkt noch keine perfekte Spitze werden, das kommt später beim Schleifen oder Feilen. Jetzt wollen wir erst einmal nur die Gefügestruktur in die richtige (Spitzen-)Form bringen. Dabei ist es notwendig, eher kräftig mit dem Hammer zu arbeiten, da wir das Klingenmaterial nach unten „treiben“, verdichten müssen. Würden wir vorsichtig mit dem Hammer „herumklopfen“, so ergäbe das an der Oberseite der Klinge einen Wulst oder Pilzkopf, wie man ihn oft auf alten Meißeln sehen kann. Beim anschließenden Flachschmieden würde das überstehende Material zu einer sogenannten Kaltschmiedestelle verformt werden. Das könnten wir gar nicht brauchen.

Im nächsten und vorerst letzten Arbeitsschritt an der Esse müssen wir unsere Klinge jetzt noch „begradigen“ und etwaige tiefe Kerben mit der Bahn beseitigen, wobei – die Schönheit liegt auch hier im Auge des Betrachters – es durchaus „rustikalen Charme“ haben kann, wenn einige Schmiedenarben bestehen bleiben. Reine Geschmackssache. Wir erledigen das mit leichten Hammerschlägen auf die flache Klinge.

Ganz wichtig: Anschließend legen wir unsere jetzt „rohfertige“ Klinge *wieder zurück in die Esse* (oder, in der **Gas-Esse**, auf die aufgeheizten feuerfesten Steine), bedecken den Rohling in unserer **Kohle-Esse** mit der glühenden Kohle, gehen stolz von dannen und belohnen uns mit einer Jause.

Der Zweck dieser Übung ist, durch die so ermöglichte ganz langsame Abkühlung zu verhindern, dass eine sogenannte (ungewollte) Lufthärtung eintritt und sich dabei ein Teil unseres jetzigen Austenit-Gefüges in Martensit verwandelt. Mehr zu diesem Thema lesen Sie gleich, wenn es um die Wärmebehandlung unserer Klinge geht.

Das war es auch schon wieder mit der „Metallurgie light“. Lassen Sie die Klinge über Nacht so weit abkühlen, dass Sie sie wieder mit bloßen Händen anfassen können.

Ausformen der Klinge (li.) und Beseitigen der Schmiedenarben (re.). © Messerschmiede Zeilinger

VON DER ROHEN KLINGE ZUM FERTIGEN MESSER

FORMGEBUNG

Das Gröbste ist nun geschafft!

Vor uns liegt unser ausgekühltes Schmiedestück, dem man nun langsam schon seine endgültige Bestimmung ansehen kann.

Bis jetzt war es noch nicht zwingend notwendig, nach einem fixen Werkplan vorzugehen. Nicht umsonst sagt man in der Schmiede: „Beim Klingenschmieden einen genauen Plan zu machen heißt, den Herrgott zum Lachen zu bringen."

Jetzt aber geht es nicht mehr ohne eine Skizze, gern von Hand gefertigt. Wir müssen uns darüber im Klaren sein, wie das Messer endfertig aussehen soll. Wo endet der Griff? Wie soll er aussehen? Erhält er Fingermulden oder verläuft er gerade? Wo beginnt unsere Schneide? Wie soll der Spitzenverlauf aussehen? Wir legen hiermit die endgültige Form unseres Messers fest – es lohnt sich also, noch einmal innezuhalten und nachzudenken.

Viele Messer tragen im vorderen Bereich des Griffes die tiefste Fingermulde. Dort ruht aber eigentlich der lange Zeigefinger – nicht optimal. Am hinteren Teil des Griffes, im Bereich des Ring- und kleinen Fingers, ist der Griff hingegen oft zu dick.

Ein Sprichwort sagt: „Die Form folgt der Funktion", und so sollten wir es auch hier halten. Aber was für Messerklingenformen gibt es eigentlich? Natürlich kann ich meine Klinge aussehen lassen, wie es mir gefällt, aber es kann auch kein Fehler sein, sich einmal anzusehen, was sich im Lauf der Jahrtausende bewährt und durchgesetzt hat. Nicht immer ist es notwendig, das Rad neu zu erfinden. Gerade in unserer Zeit ist der ursprüngliche Verwendungszweck manchmal ein wenig aus dem Blick geraten. Es werden vermutlich weit mehr Jagdmesser für den harten Einsatz im Revier verkauft, als es in ganz Europa Jäger gibt. Die Anzahl der verkauften Kampfmesser wiederum lässt darauf schließen, dass jeder vierte Bundesbürger ein Elitesoldat sein muss. Ein valider Grund für den Kauf eines Messers ist also offenbar einfach, dass es gefällt, ungeachtet seines ursprünglichen Zwecks.

Was sind denn nun die typischen Klingenformen, die im Laufe der Jahrhunderte „Geschichte schrieben", eben zu Klassikern wurden? Auch hier steckt der Teufel im Detail. Es gibt nämlich keine durchgehende und verbindliche Klassifizierung von Klingenformen. So sind teilweise sehr verwirrende, in sich widersprüchliche Bezeichnungen gebräuchlich. Das beginnt schon mit den Funktionsbezeichnungen: Es entzieht sich meiner Kenntnis, wodurch sich ein „Outdoor-Messer" von einem klassischen Jagdmesser, ein „Camping-Messer" von einem Fahrtenmesser unterscheiden soll. Ich vermute, dass hier keine sachspezifischen Gründe vorliegen, sondern eher die jeweilige Marketingabteilung die Triebfeder für einige – um es höflich zu formulieren – fantasievolle Namensgebungen war. Genauso ist ein gewisser uns verwirrender Wildwuchs bei den Bezeichnungen für Klingenformen zu erkennen. Zum Beispiel nannte man eine Klinge mit zur Spitze hin in einem Bogen abfallender Form rund 180 Jahre lang ein Bowiemesser. Jeder kennt es, und Messerliebhaber hoffentlich auch seine Geschichte. Jetzt gibt es hierfür – hauptsächlich im englischsprachigen Raum – die Bezeichnung „Clippointklinge", beziehungsweise hat sie ein spanischer Messerhersteller nun als „Semi-Clippointklinge" im Programm. Eben wieder ein „neues" Produkt im Verkaufskatalog. Versuchen wir jetzt aber, einmal ein wenig an Übersicht zu gewinnen, und sehen wir uns einige Formen etwas näher an.

Eine der häufigsten Klingenformen mag die sogenannte **Droppointklinge** sein, eine Form für ein echtes Gebrauchsmesser. Markant ist, dass der vordere Klingenrücken – hier auf dem Bild mit einer formschönen Fehlschärfe versehen – sich nach unten krümmt. Auch ist der Messerbauch bei dieser Klingenform eigentlich unproportional lang, was jedoch die Schneidfähigkeit und das Handling bedeutend verbessert. Diese Klingenform zeichnet sich durch ihre Klingengeometrie sowie eine robuste, eher unempfindliche Spitze aus. Es existiert natürlich eine Unzahl leicht unterschiedlicher Formen; jeder Messermacher denkt voll des Schöpfergeistes, dass er das ultimative Messer kreiert habe. Und das ist gut so.

Eine vor allem in den Vereinigten Staaten sehr beliebte Klingenform speziell für die Jagd ist die **Recurveklinge**: gebogener Klingenrücken und Messerbauch. Der Vorteil liegt klar auf der Hand – die nach innen gebogene, also konkav geführte, nicht unattraktive Art der Schneide *(recurve)* ergibt ein optimales Schnittverhalten beim „ziehenden Schnitt", sehr hilfreich bei der Zerteilung größerer Stücke Fleisch, eben ein Messer für die Jagd.

Eine spezielle Form ist die sogenannte **Schafsfußklinge**, unverkennbar durch den zuerst geraden und dann in einem Bogen zur Schneide hin abfallenden Klingenrücken, nicht unähnlich dem älteren nordischen Sax. Naturgemäß ein reines Schneidwerkzeug, sehr präzise. Man findet diese Klingenform vermehrt bei Kletterausrüstungen, Seglermessern und ähnlichen Werkzeugen.

Ein echter Klassiker ist die wohlbekannte **Bowiemesserklinge**, neuerdings auch unter **„Clippointklinge"** im Handel zu finden. Man darf mit Fug und Recht behaupten, dass sie eine Legende darstellt. Wohl keine Klingenform wurde öfter kopiert und angepasst.

Vom klassischen „Ka-Bar"-Kampfmesser des United States Marine Corps, mit wenigen Änderungen seit dem Zweiten Weltkrieg bis jetzt im Einsatz, führte der Siegeszug dieses Messer bis nach Hollywood. Ein John Rambo, ein Crocodile Dundee und viele mehr führen in unzähligen Filmen ein Bowiemesser. Es ist typisch amerikanisch, berühmt geworden – allerdings nicht erfunden oder gar selbst geschmiedet – durch einen Helden der Pionierzeit, Col. James Bowie, einen der Verteidiger der Missionsstation Alamo gegen die Mexikaner. Unverkennbar durch den bogenförmig zur Spitze hin abfallenden Klingenrücken und den markanten Klingenbauch, meist mit einer Fehlschärfe am Klingenrücken hin zur Spitze versehen, ist diese Messerform eigentlich immer eine gute Wahl für ein Gebrauchsmesser.

Eine ebenso markante Klinge, aber um ein Vielfaches älter, ist die **Dolchform**. Eine symmetrische Form mit zwei identischen Schneidfasen, in der Regel kein ausgeprägter Bauch. Die Spitze liegt stets in der Mitte der Klinge. Keine Klinge zum Schneiden. Der Dolch ist in seinen variierenden Formen sicherlich eine der ältesten Klingenformen.

Mit einem Hauch von Exotik, einer Aura des geheimnisvollen Fernen Ostens ist das ursprünglich aus Japan stammende **Tanto** mit seinen zwei unterschiedlichen Ausführungen versehen. Ein repräsentatives Beispiel für ein Kampfmesser, welches seine reale Existenzberechtigung eher im Sammlerbereich findet. Die bei uns bekanntere Variante des Tanto verdanken wir dem US-Amerikaner Lynn Thompson und dessen ehemaliger Firma Cold Steel. Sie ist leicht erkennbar an absolut linearen Formen: gerader Rücken, kein Bauch, dafür eine meist etwas asymmetrische, „halbrautenförmige" Spitze. Der Grundgedanke dabei: Es ist eine sehr robuste Klingenform und sieht sehr martialisch aus.

Die japanische Originalform ist hingegen weniger spektakulär und weist viele Variationen auf. Einst die klassische Notfallwaffe der Kriegerkaste in Japan (bitte nicht verwechseln mit dem japanischen Kurzschwert, dem Wakizashi), ist das Tanto heute eher ein Sammelobjekt. Durch einen geraden Klingenrücken und einen relativ steil ansteigenden Bauch ergibt sich eine lange Schneide, geeignet für lange, präzise Schnitte. Wie schon erwähnt: Je nach zeitlicher Periode des feudalen Japan existiert eine Vielzahl verschiedener Formen für diesen Messertyp.

Erwähnen möchten wir hier noch eine vor allem in Skandinavien ebenfalls sehr traditionelle Messerform, das **Puukko**. Diese sehr interessante Mischung aus Jagd-, Hirten- und Kampfmesser zeichnet aus, dass es tatsächlich in allen genannten Anwendungsfeldern bereits zum Einsatz kam. Im sowjetisch-finnischen Winterkrieg eine gefürchtete Nahkampfwaffe der finnischen Partisanen, ist sie genauso eine klassische Waffe sowohl der skandinavischen Jäger als auch der Rentierhirten. Ein gerader Klingenrücken und ein langsam zur Spitze ansteigender Bauch zeichnen diese einfache und effektive Klinge aus.

Eine Übersicht der schier unendlichen Menge an Kochmesserklingen zu geben, ist nicht der Sinn dieses Exkurses. Gerade mit der derzeitigen Begeisterung in unserer hiesigen Küchenlandschaft für japanische Klin-

Droppointklinge. © Messerschmiede Zeilinger

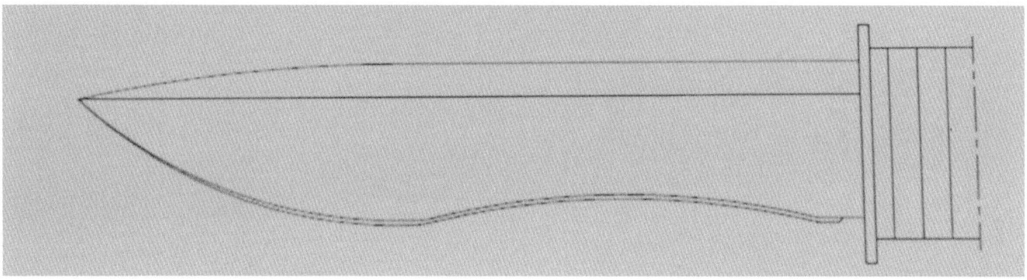

Recurveklinge. © Messerschmiede Zeilinger

Schafsfußklinge. © Messerschmiede Zeilinger

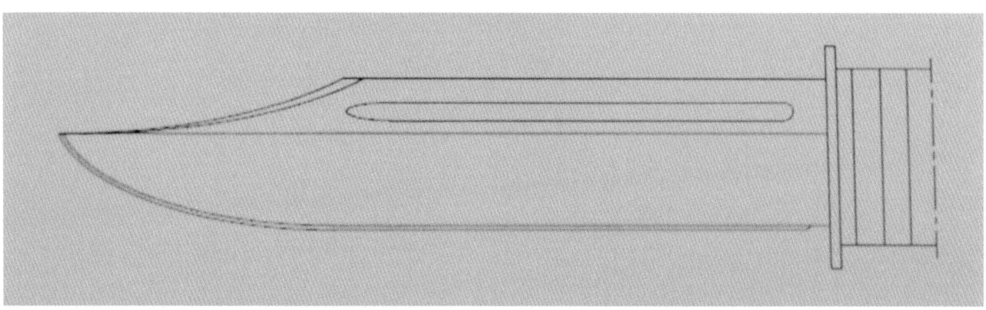

Bowie-/Clippointklinge. © Messerschmiede Zeilinger

Dolchklinge. © Messerschmiede Zeilinger

Tantoklinge (modern-westlich). © Messerschmiede Zeilinger

Tantoklinge (traditionell-japanisch). © Messerschmiede Zeilinger

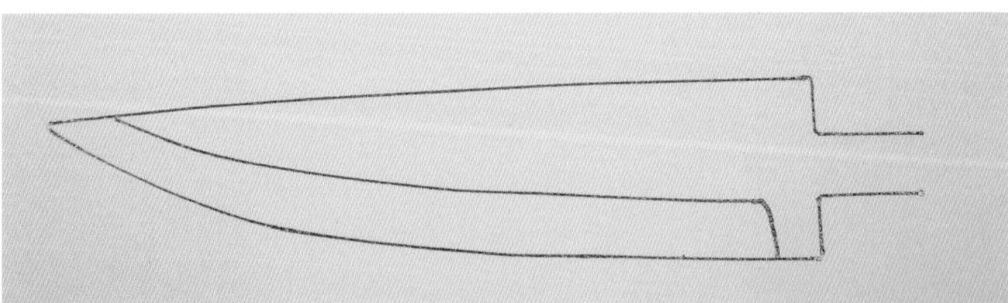

Puukkoklinge. © Messerschmiede Zeilinger

genformen bei Kochmessern tut sich auch der Kochprofi schwer, hier die Spreu vom Weizen zu trennen. Wenn mit einer speziellen japanischen Klinge, die eigentlich einzig und allein dem hochgiftigen Fugu-Kugelfisch vorbehalten bleiben sollte, hierzulande der Schweinsbraten geschnitten wird, ist das eine Themenverfehlung der Kochkunst. Also vergessen Sie bitte nicht: Diese diversen Klingenformen spiegeln die traditionelle japanische Küche wider. Wer allerdings denkt, hier das „ultimative" Messer zur Abrundung seiner eigenen Kochkünste zu finden, der wird im Internet auf unzähligen Websites sicherlich fündig werden.

Am besten legen wir unsere Klinge auf ein Blatt Zeichenpapier, ziehen mit einem Stift die Konturen nach und fügen anschließend unsere Ideen hinzu. Hin und wieder fertigen sich Kursteilnehmer nach dem Papiermodell ihres Messers zusätzlich noch eines aus Balsaholz an, um die Haptik ihres Wunschmessers vorab spüren zu können. Alles ist möglich.

Wir überlegen uns nun noch, wie das „Finish" der Klinge aussehen soll. Hochglanz oder rustikale Schmiedehaut: Alles hat seinen Reiz, alles ist erlaubt. Eine plane Oberfläche benötigen wir allerdings im Bereich des Griffes. Warum? Ganz einfach: Dort werden die ebenfalls plan geschliffenen Griffschalen aufliegen; bei versehentlich abgerundeten Griffflächen würde sich am Übergang zwischen Griffmaterial und Flachangel (so nennen wir den Griffteil der Klinge) ein sehr unschöner Spalt auftun. Beeinträchtigt nicht die Funktion, sieht aber hässlich und unprofessionell aus.

1. Wir gehen von der arbeitsintensivsten Variante aus, einer blanken Klinge:

Zuerst einmal müssen wir den Zunder entfernen, der sich beim Schmieden auf der Klinge gebildet hat. Dazu verwenden wir ein Holzbrettchen, welches wir in den Schraubstock einspannen. Anschließend befestigen wir darauf die Klinge mit einer Schraubzwinge. Jetzt benützen wir grobes **Schleifleinen**, Körnung 80, einen **Schleifklotz** oder ersatzweise ein gerades Stück Holz oder Alu und entfernen damit die Zunderschicht. Alternativ können wir diese Tätigkeit auch mit einer **Winkelschleifmaschine mit Fächerschleifscheibe** durchführen. Von der Verwendung einer möglicherweise vorhandenen **Bandschleifmaschine** rate ich hier eher ab. Zunder ist sehr hart und würde das Schleifband sehr schnell abstumpfen.

2. Jetzt ist der beste Zeitpunkt, um auf die nun einigermaßen „blanke" Klinge die zuvor angefertigte Modellzeichnung zu übertragen.

Abschleifen des Zunders mit dem **Winkelschleifer.** © Messerschmiede Zeilinger

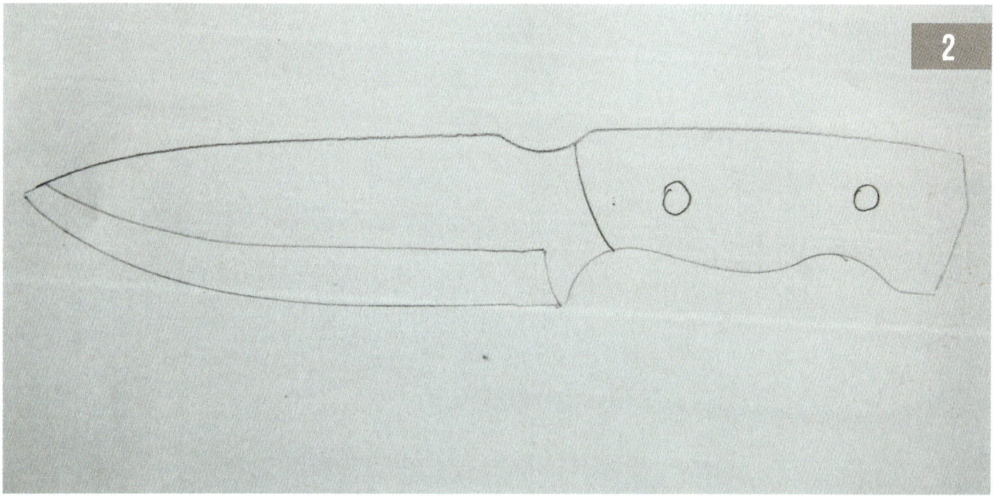

Modellzeichnung zur Übertragung auf die abgeschliffene Klinge. © Messerschmiede Zeilinger

3. Wir zeichnen mit einem (am besten „permanenten“) Filzstift an, was wir nun verändern wollen: die Form des Griffes, mit oder ohne Fingermulden, und natürlich die endgültige Form der Spitze. Da nun der Griff definiert ist, wissen wir zwangsläufig auch, wo die eigentliche Klinge mit der Schneidfase beginnt. Auch diese wird markiert.

4. Wenn wir einigermaßen sorgfältig geschmiedet haben, liegt ein Klingenrohling von annähernd gleichmäßiger Stärke vor uns. Jetzt geht es an das eigentliche Gestalten – nun wird aus der Klinge ein Messer.

Am sinnvollsten ist es, mit der Form zu beginnen. Hierzu verwenden wir unsere **Feilen** oder, so vorhanden, eine **Bandschleifmaschine**. Zu Beginn verwenden wir die **Feilen**: Die Klinge wird im Schraubstock – bitte immer mit Schutzbacken – eingespannt. Unsere Markierungen müssen sichtbar sein. Anschließend feilen wir mit der (scharfen) **Schruppfeile** die Klingenform aus.

Klingenrohling mit markierten Konturen.
© Messerschmiede Zeilinger

Formschliff mit der **Schruppfeile**.
© Messerschmiede Zeilinger

5. Ebenso verfahren wir mit dem Griffende und – sofern gewünscht – mit den Griffmulden oder Mulden am Klingenrücken.

Diese Methode ist, nebenbei gesagt, die authentischste Form, ein handgefertigtes, „individuelles“ Messer zu erschaffen. Seit frühester Zeit sind so wahre Kunstwerke entstanden, und noch heute gibt es in Japan Meisterschmiede, die ihre einzigartigen Klingen ausschließlich mit Feilen in die richtige Form bringen. Aber, wie man so schön sagt: „Die Rose blüht am Dornenstrauch“ – es handelt sich hierbei auch um die anstrengendste Art der Metallbearbeitung. Mit einer **Bandschleifmaschine** geht es selbstverständlich einfacher und schneller: Wir halten die Klinge senkrecht an das nach unten laufende Band und arbeiten so unsere gewünschte Spitzenform heraus.

6. Auch können wir, so vorhanden, mit unserer **Bohrmaschine** und einem **Keramik-Rundschleifer** die Fingermulden im Griffbereich ausschleifen.

Schleifen der Klingenspitze an der **Bandschleifmaschine.** © Messerschmiede Zeilinger

Bearbeitung der Griffmulden mittels **Keramik-Rundschleifer.** © Messerschmiede Zeilinger

7. Nun haben wir unsere Klinge (von einem Rohling kann man jetzt schon nicht mehr sprechen) in die richtige Form gebracht. Jetzt wird die keilförmige Schneidfase angebracht. Dabei handelt es sich um nichts anderes als um die Verjüngung der Klinge hin zu einer möglichst scharfen, stabilen Schneide. Auf der Skizze sind die drei gängigsten Schneidfasen abgebildet: A zeigt „unsere“ Fase, den **Flachschliff**. B ist der sogenannte **Hohlschliff**; er ist mit unseren Mitteln nicht herstellbar, also heben wir ihn uns für vielleicht später folgende Klingen auf. C ist der **ballige Schliff** – auch für „etwas später“.

7

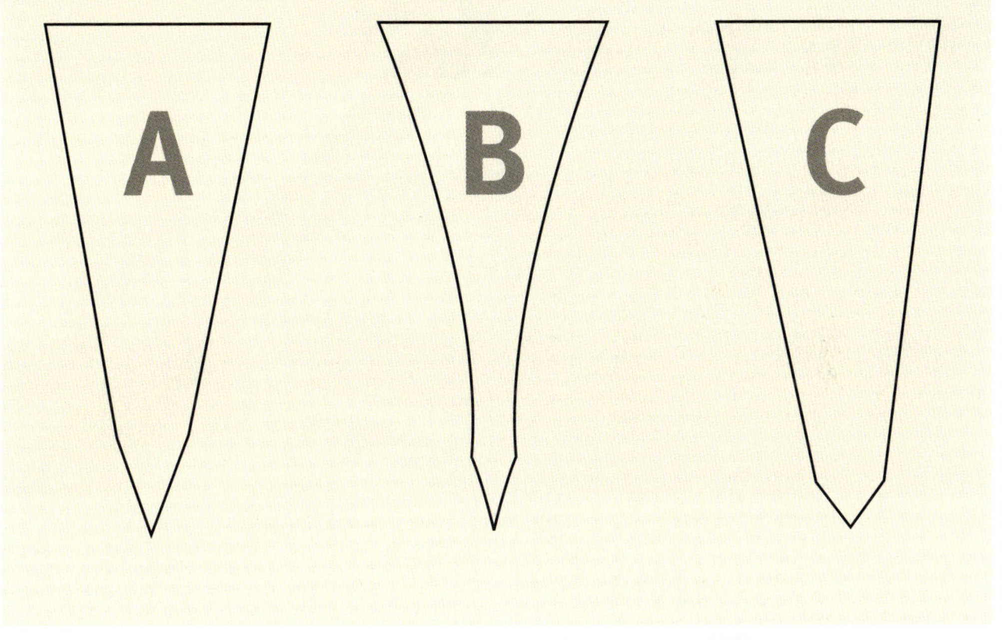

Verschiedene Schneidfasen: A: Flachschliff, B: Hohlschliff, C: balliger Schliff. © Messerschmiede Zeilinger

8. Wir kontrollieren nochmals den eingezeichneten Bereich, an dem gleich die Schneidfase herausgearbeitet werden soll. Dann wird die Unterseite – in später Folge die Schneide – mit **Feile und Schleifleinen** geglättet und mit Filzstift oder Farbspray (Anreißspray) eingefärbt.

Markieren der geplanten Schneide mit Farbstift oder -spray. © Messerschmiede Zeilinger

9. Anschließend mit der Schiebelehre die Mittellinie, wo nach dem Schärfen die Schneide verlaufen wird, anzeichnen. Auf unseren Brettchen, bereits im Schraubstock eingespannt, wird dann unsere Klinge mittels Schraubzwinge fixiert. Mit der Flachfeile arbeiten wir vorsichtig die Keilform heraus.

Mit dem Feilen wird ca. 3 mm *vor* unserer eingezeichneten Linie begonnen. Diesen Übergang zwischen der Schneidfase und dem Bereich, aus dem einmal der Griff hervorgehen soll, nennt man Ricasso.

10. Jetzt arbeiten wir uns von der unteren Kante unserer späteren Schneide langsam zur eingezeichneten Linie und weiter bis zur Spitze vor. Wir feilen mit geraden, gleichmäßigen Feilstrichen, um eine ebene Fläche zu erzielen. Gerade Ungeübte neigen zu gänzlich unerwünschten Schaukel- und Kippbewegungen während des Feilens.

Dies ist fraglos der schwierigste Teil unserer Unternehmung. Wenn man noch nie mit der Feile gearbeitet hat, ist es ratsam, zuerst einmal an einem Stück Baustahl zu üben.

Ich empfehle auch den angehenden Klingenschmieden – so wir nicht unter Zeitdruck stehen, und das sollte niemals der Fall sein –, das edle Handwerk zuerst mit der Feile zu erlernen, bevor der Umstieg auf schnelle Methoden wie Schleifband oder Flex folgt. Nur mit der Feile bekommt man ein Gefühl für die Materie, für das Zusammenspiel von Werkstoff und Werkzeug. Wie schon erwähnt: Einige große Meister stellen ihre „Kunstwerke“ ausschließlich mit Feilen her. Dies ist Handwerkskunst in ihrer reinsten Form, die Hohe Schule des Messermachens.

Herausarbeiten der Keilform der Schneidfase.
© Messerschmiede Zeilinger

Ausarbeitung der Schneide bis zur Klingenspitze.
© Messerschmiede Zeilinger

11. Die Schneidfase wird auf beiden Seiten nur so weit gefeilt, dass die Schneide eine Stärke von ca. 1 mm behält. Den Grund dafür finden wir gleich in der kurzen Abhandlung über die noch notwendige Wärmebehandlung.

Sollten Sie eine **Bandschleifmaschine** zur Verfügung haben, können Sie die Schneidfasen natürlich schneller anbringen. Auch das ist aber ein sehr übungsintensiver Vorgang und sollte nicht gleich an unserem Schmiedestück ausprobiert werden. Besonders wichtig ist, dass das Schleifband auf uns zu und nach unten läuft.

12. Eine weitere Möglichkeit ist die Verwendung einer **Fächerschleifscheibe in einer Winkelschleifmaschine oder Schleifflex**. Auch hier sollte man unbedingt vorher an einem Stück Baustahl üben.

Formschliff an der Bandschleifmaschine.
© Messerschmiede Zeilinger

Formschliff mit dem Winkelschleifer.
© Messerschmiede Zeilinger

13. Wenn nun beide Seiten der Klinge fertig gefeilt oder abgeschliffen sind und die Schneide ca. 1 mm stark ist, ist dies der richtige Moment für das geplante „Finish" unseres Messers. Wir können nun mit der **Schlichtfeile** und oder dem **Schleifleinen** letzte Feil- oder Schleifspuren beseitigen und etwaige kleine Korrekturen an der Klinge oder am Griffbereich durchführen. Nach der erfolgreichen Härtung wäre eine solche Bereinigung nur noch mit größerer Kraftanstrengung und Zeitaufwand möglich. Anschließend setzen wir zwei oder mehrere Bohrungen für die Befestigung des Griffes mit den Messingpins. Zur Vorbereitung bringen wir mittels Körner und Hammer an den gewünschten Positionen auf der Flachangel die gewünschte Anzahl von Körnermarkierungen an, um zu verhindern, dass der Bohrer sich „verläuft".

Markieren der Löcher für die Messingpins zur Griffbefestigung ... © Messerschmiede Zeilinger

14. Mithilfe unserer in der Bohrvorrichtung eingespannten **Handbohrmaschine** oder **Standbohrmaschine** setzen wir die Bohrungen. Sollten Sie auf die Verwendung eines Maschinenschraubstockes verzichten, legen Sie die Klinge auf den Holzblock, und verwenden Sie während des Bohrvorganges *zwingend* feste Arbeitshandschuhe.

… und Bohren mithilfe von **Hand-** oder **Standbohrmaschine**. © Messerschmiede Zeilinger

Aber natürlich gibt es noch weitere Möglichkeiten zur Befestigung eines Griffes! Wie wäre es zum Beispiel mit einem Spitzangel-, Steckangel- oder Spitzerlgriff?

Im Gegensatz zu unserem bereits vorliegenden **Flachangelmesser** (die Griffbreite ist annähernd identisch mit dem breitesten Klingenbereich) ist das Hauptmerkmal des **Spitzangelmessers**, dass die Angel vollständig im Griff verborgen ist. Zu diesem Behufe bedarf es natürlich einer schmalen, sich in der Regel zum hinteren Ende hin verjüngenden Angel, welche in den Griff – in diesem Fall ein Rundmaterial oder ein blockförmiger, noch zu formender Griff – hineingesteckt wird. Als Befestigung dient eine einfache Klebeverbindung – oder, die elegantere Lösung, der Griff wird mit einer an der Angel befestigten Gewindestange mit dem Knauf am Messerende verschraubt. Und der Vorteil oder auch Nachteil einer versteckten Angel? Ein Nachteil liegt eigentlich auf der Hand: Die Steckangel ist schmäler und damit weniger belastbar als ein Messer mit Flachangel. Wenn es ein kräftiges, für den rauen Revieralltag konstruiertes „Allroundmesser“ werden soll, dann sollten wir also doch ein Messer mit Flachangel bauen. Der Vorteil des Steckangelmessers ist vielmehr ästhetischer Natur: Es erlaubt ein eher rundes Griffprofil oder auch zusammengesetzte Griffteile, wie Ringe aus Holz, Horn, Geweih, Leder, Kunststoff und Ähnliches. Man sagt auch, wenn man ein Messer mit einem Steckangelgriff im Winter bei tiefen Temperaturen benutze, dann liege ein Griff aus Holz, Leder oder Horn ohne direkten Kontakt zum Stahl des Flachangelgriffes angenehmer in der Hand.

Aber wie kommen wir von unserem ausgeschmiedeten Flachangelrohling zu einer Steckangel? Man kann natürlich gleich beim Schmieden des Klingenrohlings von Anfang an daran arbeiten. Beachten Sie aber bitte, dass dies keine wirklich leichte Schmiedeübung für den Anfänger ist und schon eines gerüttelten Maßes an Erfahrung bedarf. Selbst erfahrene Klingenschmiede benützen hierfür diverse Hilfswerkzeuge in Verbindung mit dem Maschinenhammer. Wie also sollen wir es nun anstellen, wenn dieses Ausschmieden des Spitzerls / der Steckangel (ich verwende hier mit Absicht beide Begriffe, weil es – wie schon erwähnt – keine verbindliche Klassifizierung gibt und ich in meinen Kursen stets belehrt werde, wie es richtig heiße, man habe ja im Internet nachgesehen ...) im Moment also noch nicht die optimale Vorgehensweise darstellt? Ganz einfach, wir wählen die gute, bewährte Ausschneidemethode! (Und, unter uns gesagt, damit auch die präzisere, effizientere Arbeitsweise. Es muss ja nicht immer „sehr rustikal“ sein ...) Egal, ob wir mit der Trennscheibe oder einer größeren Metallbügelsäge unserem Klingenrohling zu Leibe rücken, es ist keine große Kunst. Natürlich kann man auch mit einem Bandschleifgerät oder einer in eine Winkelschleifmaschine eingelegten Schruppscheibe die Flachangelklinge in eine Spitzangelklinge verwandeln, die Angel herausarbeiten. Einer der besten internationalen Messermacher, der Japaner Hideo Kitaoka, ist berühmt dafür, dass er Küchenmesserklingen in Kleinstserien für eine spezielle Klientel ausschließlich mit Feilen herausarbeitet.

1. Wir verwandeln die bisherige Flachangel – natürlich nach genauem Anzeichnen der abzutrennenden Teile – in eine Steckangel. Ganz wichtig ist, dass die sich ergebenden zwei rechten Winkel zwischen Angel und Klinge möglichst exakt herausgearbeitet werden und sich (natürlich) auf gleicher Höhe in Relation zur Klingenspitze befinden. Bitte beachten Sie: Die Angel muss selbstverständlich etwas kürzer als der dafür vorgesehene Griff sein. Die nunmehrige Steckangel darf auch nicht zu breit sein, sonst würden wir den Griff im Zuge des Aushöhlens für die Aufnahme des Steckangel zu sehr schwächen. Sie darf aber ebenso wenig zu „zierlich" sein; der Übergang von Klinge zu Angel stellt hier die „Sollbruchstelle" dar. Bewährt hat sich eine Angelbreite an der dicksten Stelle (vernünftigerweise am Übergang zur Klinge) von einem Drittel der vorherigen Breite.

Nun gibt es, wie schon erwähnt, zwei Vorgehensweisen: Wir können die Spitzangel in den Griff einkleben oder sie mittels einer Gewindestange an der Angel zusätzlich verschrauben.

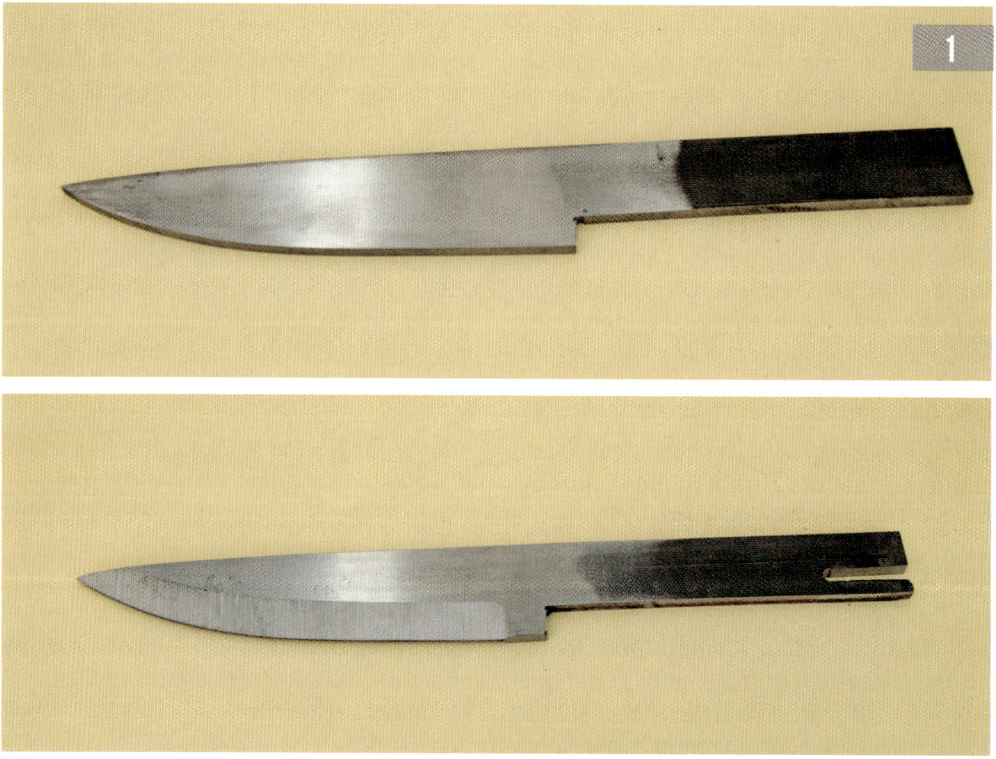

1

Von der selbst geschmiedeten Flachangel- ... zur selbst geschnittenen Spitzangelklinge.
© Messerschmiede Zeilinger

2. Beginnen wir mit dem einfachen, aber sehr effizienten **Einkleben der Angel in den vorbereiteten Griff**. Die Klinge muss vorher logischerweise bereits fertig wärmebehandelt sein (siehe nachfolgendes Kapitel). Ein geeignetes Griffmaterial wird nun mit einer Längsbohrung versehen, welche später die Angel aufnehmen soll. Die Bohrung fertigen wir am besten mit einer Standbohrmaschine. Zur Not tut es auch eine präzise geführte Handbohrmaschine. Da wir das Loch im Griff mit Epoxidkleber füllen wollen, darf die Bohrung logischerweise nicht durchgehend sein – wir bohren ein sogenanntes Sackloch. Der Bohrdurchmesser ist ein wenig größer als die Stärke der Angel. Diese wird, wenn wir beim Schmieden alles richtiggemacht haben, ca. 5 mm betragen, also verwenden wir einen Bohrer mit einem Durchmesser von ca. 7 bis 8 mm. Da jetzt allerdings die Breite der Angel deren Höhe übertreffen wird, müssen wir noch ein wenig nacharbeiten, damit die Angel in unseren Griff passt. Das geht unserer Erfahrung nach am effizientesten mit einem zweckentfremdeten Stichsägeblatt, eingesetzt in eine simple Halterung (Dauer der Herstellung: ca. 5 Minuten) oder, noch einfacher, in eine kleine Gripzange. Wir höhlen damit unseren Griff vorsichtig so weit aus, dass die Angel ohne viel Friktion hineinpasst.

Spitzangelklinge mit Gewinde. © Messerschmiede Zeilinger

Improvisierte Halterung für Stichsägeblatt. © Messerschmiede Zeilinger

3. Wie weit die Angel in den Griff hineinreichen soll, hängt natürlich auch von der Form der Klinge ab und muss bei der Festlegung der Bohrtiefe bedacht werden. Gerade bei den jetzt so beliebten japanischen Klingenformen ist zu beobachten, dass die Angel nicht ganz im Griff verschwindet. Auch ist es möglich, die Angel beim Zuschleifen mit einer „Stufe“ zur eigentlichen Schneide zu versehen. Hier liegt alles im Auge des Betrachters, technisch falsch machen kann man nichts.

Nun entfernen wir den Schleifstaub aus dem Griff; die Angel wird mit Aceton gründlich entfettet. Dann steht dem Einkleben nichts mehr im Weg. Der Zweikomponentenklebstoff wird in einer ausreichenden Menge (weniger, als Sie denken) verrührt und anschließend in die erweiterte Bohrung eingebracht, am besten mit einem kleinen Holzspatel. Anschließend wird unsere Angel bis zum Anschlag in den Griff geschoben und austretender Kleber sofort entfernt. Die Aushärtezeit der meisten Zweikomponentenkleber beträgt zwischen drei und zwölf Stunden. So lange sollten wir auch warten, dann ist der Steckangelgriff fest mit der Klinge verbunden.

Herausgeschliffene „Stufe“ zwischen Klinge und Angel. © Messerschmiede Zeilinger

Präparieren des Sackloches mit Kleber. © Messerschmiede Zeilinger

4. Die zweite Möglichkeit ist, einen **Steckangelgriff mit einer Verschraubung** zwischen der Angel und einem Knauf am Griffende und weiters, so erwünscht, einem vorderen Griffabschluss herzustellen. Zu dieser Variante ist anzumerken, dass bereits ein gewisses handwerkliches Geschick hilfreich ist. Aus diesem Grund wird auf einzelne Schritte nicht explizit eingegangen, so ist es zum Beispiel für das Anschweißen einer Gewindestange nicht zielführend, den MIG-/MAG-Schweißprozess oder das Hartlöten zu erklären. Diese Dienstleistung ist im niedrigen zweistelligen Eurobereich billig zuzukaufen.

Unsere Angel wird, wie bereits im vorhergehenden Kapitel, ausgeschmiedet oder mit der Flex geschnitten. Anschließend wird die Angel an ihrem Ende mittels Flex oder Bogensäge mit einem Schlitz versehen, welcher unsere Gewindestange M4 aufnehmen wird. Die Klinge muss vor dem Anbringen der Gewindestange, sei es durch eine MIG-/MAG-Schweißung oder durch Hartlöten, selbstverständlich bereits gehärtet sein, siehe unten „Wärmebehandlung“. Der Knauf, also das „Abschlussstück“, wird aus einem Metall unserer Wahl herausgearbeitet und mit einer Sacklochbohrung versehen, welche uns als Gegenstück für die Gewindestange in der Angel dient. Stahl, Messing, und Bronze haben sich stets bewährt. Das Profil dieses Knaufes gibt logischerweise auch das Profil des Griffes und der vorderen Griffabschlussplatte vor. Nachdem wir nun den Knauf auf die ungefähre Querschnittsform unseres zukünftigen Griffes geschliffen/gefeilt/gesägt haben, bestimmen wir das ungefähre geometrische Zentrum unseres Knaufes, markieren diese Stelle, bringen eine Körnung an und setzen das Sackloch. Ein metrisches Gewinde M4 wird hineingeschnitten, und die „Rohform“ des Werkstückes ist fertig.

Wir haben jetzt die Form des Knaufes frei bestimmt und wollen den Griff danach schleifen. Es funktioniert natürlich auch umgekehrt: Wenn die Griffform bereits vorgegeben ist, können wir ebenso gut den Knauf (und die damit korrespondierende vordere Abschlussplatte) an den Griffquerschnitt anpassen. Die vordere Abschlussplatte muss von hinten über die Angel bis zum Beginn der eigentlichen Klinge geschoben werden. Da nicht jeder eine Fräsmaschine zu seiner Verfügung hat, um die notwendige Längsausfräsung anbringen zu können, wollen wir das durch einander überlagernde Bohrungen ersetzen. Wir wählen einen etwas kleineren Bohrdurchmesser, als die Angel an ihrer dicksten Stelle stark ist. Anschließend wird der Spalt vorsichtig mittels kleiner Feilen auf die richtige Größe erweitert. Ein übertrieben „strammer“ Sitz ist nicht vonnöten, da der feste Sitz ja durch das Festschrauben des Knaufs erreicht wird. Nichtsdestotrotz sollte man einigermaßen präzise arbeiten, da große Spalten zwischen Klinge und Abschlussplatte unschön sind. Wenn jetzt noch die Längsbohrung im Griff unsere Angel ohne viel Widerstand aufnimmt, kommen wir schon zum letzten Schritt. Sollte der Abschlussknauf – ebenso wie der Griff – rund sein, wie es bei einigen Kampfmessern der Fall ist, würde es reichen, die Klinge zu verkleben und den Knauf aufzuschrauben. Wenn jedoch der Griff und somit der Knauf und die vordere Abschlussplatte oval ausgeführt sind, beginnt jetzt eine notwendige Anpassung.

Die vordere Abschlussplatte ist „zwangsgesteuert“ durch die Angel. Alle Teile sind fertig für den Zusammenbau. Eine Endanpassung an den Griff erfolgt durch Abschleifen oder Feilen. Aber der Knauf, über die Gewindestange an der Angel befestigt, kann nun durchaus beim Festschrauben „quer stehen“. Das wird technisch gesteuert, über die Länge der Gewindestange. Korrigiert wird, indem ich die Klinge ständig zerlege, die Gewindestange mittels einer Feile um eine oder zwei Umdrehungen kürze, entgrate, das Messer wieder zusammenbaue und kontrolliere, wie sich die Schrägstellung des Knaufes verändert hat. Diese Prozedur kann durchaus mehrere Durchgänge in Anspruch nehmen. Wenn nun die drei Komponenten – vordere Abschlussplatte, Griff und Knauf – sich in einer Flucht befinden, können wir daran gehen, unsere Klinge zu verkleben.

Wir zerlegen unser Meisterstück (hoffentlich zum letzten Mal), reinigen alle Teile sorgfältig mit Aceton und bereiten den Zweikomponenten-Epoxidkleber vor. Bevor der eigentliche Klebevorgang beginnt, schließen wir mittels eines Stückes Klebeband die hintere Öffnung sorgfältig ab. Dann füllen wir – analog der ersten Verklebung bei unserem einfachen Steckangelmesser – den Griff unter Zuhilfenahme eines kleinen Holzspatels mit unserem Kleber. Anschließend werden die Angel eingeführt, das untere Klebeband entfernt und der Knauf aufgeschraubt. Der überschüssige Kleber wird sofort entfernt. Das Spitzangelmesser mit verschraubter Angel ist (fast) fertig. Nun ist der richtige Moment gekommen, den Griff und den Knauf mittels Bandschleifmaschine, Feile und immer feiner werdenden Schleifleinen zu bearbeiten. Glauben Sie mir, die Mühe lohnt sich.

Spitzangelklinge mit Griff, Knauf und Abschlussplatte vor … und nach dem Verschrauben.

WÄRMEBEHANDLUNG

Unter Wärmebehandlung versteht man in unserem Fall das Härten und „Anlassen" von Stahl. Was passiert denn nun, wenn wir unsere Klinge auf ca. 870 °C erhitzen und anschließend im Ölbad abschrecken?

Wir greifen auch hier wieder, wie schon zu Beginn der Materialfrage, auf unsere „Metallurgie light" zurück. Der Stahl unserer Klinge verwandelt sich bei einer Temperatur von 722 °C bereits in Austenit. Die erfolgte Umwandlung lässt sich mithilfe eines Magneten überprüfen: Der in Austenit umgewandelte Stahl ist plötzlich nicht mehr magnetisch. Wir erwärmen ihn weiter, bis auf ca. 870 °C.

Nach dem Erreichen der erforderlichen 870 °C schrecken wir die Klinge in einem Behälter mit gewöhnlichem Pflanzenöl ab. Durch die schlagartige Abkühlung verwandelt sich die Gefügestruktur des Austenits in die neue, feine und sehr harte Gefügestruktur des Martensits – wir haben unsere Klinge gehärtet!

Jetzt steht die Struktur unserer Klinge durch die „gewaltsame" Umformung im Gefüge aber noch unter hoher Spannung. Sie ist deshalb spröde und somit noch nicht wirklich verwendbar. Es fehlt noch ein wesentlicher Aspekt unserer Wärmebehandlung, das „Anlassen".

Dazu verwenden wir am besten den Backofen in der Küche. Wir lassen unser Werk bei 180 °C für eine Stunde im vorgeheizten Backrohr. Dadurch nehmen wir etwas an Härte und somit auch die unerwünschten Spannungen aus der Klinge.

Sollte uns kein Backofen zur Verfügung stehen, müssen wir die Klinge „nach alter Väter Sitte" anlassen. Ein Ziegelstein wird in unserer Esse erhitzt und bildet die „Hitzequelle" für die nachfolgende Wärmebehandlung. Die Klinge wird flach auf den Stein gelegt, und man überprüft hin und wieder mit einzelnen Wassertropfen, die man auf die Klinge fallen lässt, ob die notwendige Temperatur erreicht ist: Der Tropfen muss auf der erhitzten Klinge davonrollen, dann setzt auch der Anlass-Prozess ein. Bei dieser Methode fehlt natürlich die zeitliche Komponente, sie ist eben nur ein Behelf.

Ebenso verhält es sich mit den „Anlassfarben" (siehe oben, S. 58). Sie bringt man heraus, indem zuvor eine Stelle der Klinge blank geschliffen wurde. Dort ist dann die korrekte Anlassfarbe zu erkennen, im hellen Tageslicht allerdings nicht immer sehr leicht zu bestimmen. Wenn verfügbar, ist dem Backrohr der Vorzug zu geben. Abschließend wird die Klinge, wie nach dem Schmieden, noch vom Zunder befreit – so man eine blank polierte Klinge bevorzugt. Viele meiner Schüler entscheiden sich für die rustikale Variante mit Schmiedehaut auf der Klinge, einfach, weil es bei einer tatsächlich mit der Hand geschmiedeten Klinge vielleicht authentischer aussieht.

Was jetzt noch bleibt, ist die Anbringung der endgültigen Schärfe. Auch hier führen mehrere Wege zum Ziel. Der endgültige Schneidenwinkel, den wir unserer jetzt ungefähr 1 mm starken Schneide geben wollen, hängt vom späteren Verwendungszweck ab. Je kleiner, also je spitzwinkliger unser endgültiger Schneidenwinkel wird, desto schärfer fällt die Klinge aus.

ÄTZEN EINER DAMASTKLINGE

Wenn unsere Damastklinge die notwendige Wärmebehandlung hinter sich hat und weiters auf Hochglanz poliert wurde (eine notwendige Vorbereitung für den Ätzvorgang, um das Muster des Damaststahls zum Vorschein zu bringen), können wir mit dem eigentlichen Ätzen beginnen.

Wir haben die Möglichkeit, unseren Stahl mittels verschiedener Säuren zu ätzen. *Ganz wichtig: Wir hantieren nun mit ausgewiesenen Gefahrengütern. Die Verwendung von Schutzbrillen, säurefesten Handschuhen und Schürzen sowie eine stets gute Belüftung sind daher zwingend erforderlich!*

- **Zitronensäure:** Hierbei handelt es sich um eine nur schwache und ungefährliche Säure, die beispielsweise in Haushaltsentkalker zum Einsatz kommt. Auf 60 °C erwärmt kann sie zum Ätzen verwendet werden, eignet sich allerdings nur für schwache Kontrastierung.
- **Eisen(III)-chlorid:** Auch dies ist eine eher „milde" Säure. Der Ätzvorgang dauert je nach gewünschter Ätztiefe zwischen 15 und 50 Minuten. Der große Vorteil dieser Säure ist der langsam ablaufende und damit besser kontrollierbare Prozess. Sie muss vor dem Einsatz nicht erwärmt werden.
- **Batteriesäure (Schwefelsäure 30 %):** Das Ätzen mit dieser doch recht aggressiven Säure geht sehr viel schneller vonstatten als mit den anderen Ätzmedien. Die Säure wird auf 60–70 °C erwärmt; die Haltedauer beträgt zwischen 45 und 120 Sekunden.

Der Vorgang läuft wie folgt ab: Die Klinge *muss* zwingend fettfrei sein. Das erreichen wir mit heißem Wasser und Geschirrspülmittel, Aceton oder Nitroverdünnung. Anschließend wählen wir ein Behältnis aus Glas oder säurebeständigem Kunststoff, welches der Größe unserer Klinge angemessen sein sollte. Sehr bewährt haben sich Reagenzgläser aus dem Laborfachhandel. Um die Klinge in die Säure eintauchen und auch wieder herausholen zu können, befestigen wir in den Griffbohrungen ein Stück Bindedraht. Nach Ablauf der gewählten Haltedauer in der verwendeten Säure spülen wir unsere Klinge mit kochendem Wasser ab, um die restliche noch auf der Klinge befindliche Säure zu neutralisieren. Dieser Prozess wird nochmals mit warmem Wasser und reichlich Geschirrspülmittel wiederholt. Anschließend reiben Sie die Klinge bitte vorsichtig mit feiner Stahlwolle ab. Sollte Ihnen das erzielte Ergebnis zu „schwach" erscheinen, so können Sie den Ätzvorgang einfach wiederholen. Der letzte Schritt ist das leichte Einölen der Klinge mit einem feinen Waffenöl.

Zum besseren Verständnis: Das Ätzen von Damaststahl ist ein nicht zu normender Vorgang, geprägt von vielen Variablen, wie zum Beispiel verschiedenen Legierungen im Metall, lagerungsbedingter Aggressivität der Säure, deren Verwendungstemperatur, Haltedauer etc. Auch hier gilt, dass die Schönheit immer im Auge des Betrachters liegt. Experimentieren ist erlaubt und erwünscht!

Eisen (III) chlorid
500:5
±5 In 20°C
ml 500
Schwefelsäure 30 %
30 %, rein
Sulphuric acid 30 %
Acide sulfurique 30 %
UN 2796
2,5 l

KLINGENSCHLIFF

Nun kommt auch noch ein weiterer wichtiger Begriff ins Spiel: die Schnitthaltigkeit.

Er steht dafür, wie lange unserem Messer seine Schärfe erhalten bleibt. Es ist leicht verständlich, dass eine sehr scharfe Klinge (kleiner Schneidenwinkel) empfindlicher und weniger robust ist als eine Klinge mit einem eher stumpfen Schneidenwinkel.

1. Ein guter Kompromiss ist es, wenn wir die Klinge in jetzt schon altbekannter Manier auf unserem Brett befestigen, unsere **Diamantfeile** in einem Winkel von ungefähr 20° bis 30° ansetzen und dann beide Seiten mit geraden, präzisen Feilstrichen bis auf 0 mm reduzieren.

2. Ganz wichtig ist dabei, dass wir den gewählten Winkel exakt einhalten, wenn unsere Schneide diesen Namen auch verdienen soll. Einige unsaubere Feilstriche führen unweigerlich zu einer unsauberen (für die Österreicher: „vernudelten“) Schneide. Wer Probleme damit hat, diese zugegebenermaßen etwas diffizile Arbeit sauber zu erledigen, kann auch zu einem preiswerten Schleifgerät mit fix einstellbarem Schleifwinkel greifen.

Zuschliff einer scharfen Klinge mit der **Diamantfeile.** © Messerschmiede Zeilinger

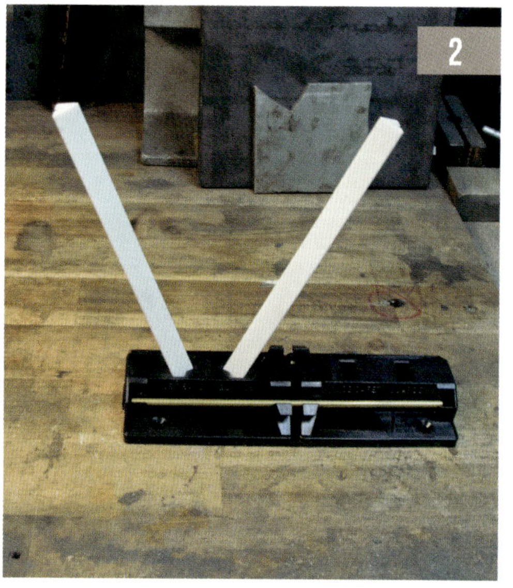

Schleifgerät mit einstellbarem Winkel zur besseren Kontrolle. © Messerschmiede Zeilinger

Damit sind wir an einem Punkt angelangt, der sich aus Sicht des Messermachers anzusprechen lohnt: Wann ist eine Klinge wirklich scharf?

So ziemlich jeder Mann (auf unseren Messerschärfseminaren ist der Damenanteil stets verschwindend gering ...) hat eine eigene Technik, eine spezielle Methode, um Messer „richtig scharf" zu bekommen. Richtig scharf? Die Schärfe einer Klinge ist stets in Abhängigkeit von ihrem Verwendungszweck zu sehen. Ein gutes Küchenmesser wird und sollte schärfer sein als ein Outdoormesser, ein Rasiermesser stellt wiederum ganz andere Anforderungen an den Schärfegrad. Meiner Ansicht nach ist ein „normales" Messer dann scharf, wenn ich damit eine handelsübliche Zeitungsseite problemlos in Streifen schneiden kann, ohne zu reißen und zu rupfen.

Dabei ist das richtige Schärfen einer Klinge, wie jeder mechanische Prozess, wahrlich keine Hexerei. Man muss zuvor nur, wie so oft, mit einigen Vorurteilen und Halbwahrheiten aufräumen. Beginnen wir mit den aus Verkaufsshows bekannten Präsentationen elektrischer „Wunderklingenschleifer": Ein als Koch ausstaffierter Mann mit gewinnendem Lächeln erklärt einer begeisterten Assistentin, dass „mit diesem Produkt aus dem Hause XY alle Sorgen in der Küche für alle Zeiten vorbei" seien. „Mit dieser Messerschleifmaschine werden alle Messer, Scheren und sonstigen Küchenutensilien rasiermesserscharf geschliffen", und das immer um nur ganz wenige Euro. Werte Leserschaft, das kann nicht funktionieren, das ist in hohem Maße unseriös. Jede Klinge, jedes Messer und jede Schere hat eigene Charakteristika, einen anderen Schleifwinkel. Und das ist auch schon das ganze große Geheimnis der mystischen Schleifkunst, dass bei jeder Klinge stets ihr individueller Schleifwinkel beibehalten werden muss. Hinzu kommt, dass das professionelle „Messerschärfen" immer aus zwei unabdingbar nacheinander ablaufenden Tätigkeiten besteht, nämlich dem Schleifen und dem anschließenden Abziehen der Schneide.

Bleiben wir vorerst beim Schärfen: Zum Schärfen eignen sich alle Schleifmaterialien, wie Karborund, diamant- oder rubinbeschichtete Schleifscheiben und feine Wasserschleifsteine. Wie bereits erwähnt besteht der eigentliche Schleifvorgang darin, beide Seiten der Klinge mittels Materialabtrag in einen vordefinierten spitzen Winkel zueinander zu bringen. Wenn sich nun die beiden Flächen an der Schneide treffen, ist der Punkt der optimalen Schärfe erreicht. Bei weiteren Schleifdurchgängen wird die nun „scharfe Schneide" nur noch ausgedünnt und bildet einen feinen Grat, welcher sich durch die kinetische Andruckenergie während des Schleifvorganges in eine Richtung verbiegt. Wie und womit wir diesen Grat entfernen, soll uns später beschäftigen. Nachdem wir nun bereits die elektrischen Schleifmaschinen ausrangiert haben, wollen wir nach dem Ausschlussprinzip weitersehen, was zum Schärfen von Klingen – entgegen der landläufigen Meinung – noch absolut ungeeignet ist. Was ebenfalls nicht funktioniert, ist das Schärfen mit der **Bandschleifmaschine oder Flex**. Der Grund: Beim Schleifen mit dem Schleifband entsteht Wärme – viel Wärme. Unsere gehärtete Klinge und gerade die hier nur wenige Bruchteile eines Millimeters starke Schneide vertragen aber keine Wärme, da diese die Härte reduziert oder ganz aufhebt. Das Problem mit nicht wassergekühlten elektrischen Schleifmedien beim Schärfen ist, dass es bereits zu spät ist, wenn man die Erwärmung spüren kann. Man hat dann schon die Härte dort, wo man sie braucht, eben an der Schneide, zerstört.

Was aber ist denn nun für den ambitionierten Messerliebhaber (so einer ist man, wenn man es auf sich nimmt, diese Prozedur zu erlernen, statt einen professionellen Betrieb damit zu beauftragen ...) geeignet? Wir beginnen mit den einfachsten Mitteln und arbeiten uns hinauf zu dem schon fast zur Profiliga zählenden Equipment. Eines darf ich vorausschicken: Egal, wie man's macht und auch womit, das Ergebnis wird immer ein wenig besser sein, als die Klinge zuvor war.

Beginnen wir mit dem klassischen Notfall: Das „beste Messer" aus der Besteckلade (welch ein Graus!) schneidet den Sonntagsbraten wirklich nicht mehr, oder die Tomate muss, bevor man sie schneiden kann, mit der Spitze angestochen werden. Jetzt muss rasch eine Lösung her. Ein Keramikstab, besser noch ein Diamantstab, von dem bei seinem Erwerb keiner so genau wusste, wozu er gut sein soll, findet sich. Nun nehmen wir den Stab in die linke Hand (Linkshänder bitte spiegelverkehrt) und – jetzt kommt die Überraschung – schaben nicht irgendwie hektisch über die Klinge wie der Koch im Fernsehen. Stattdessen suchen wir uns einen festen Untergrund, stellen den Stab in einem steilen Winkel auf und ziehen nun unser Messer senkrecht nach unten und auf uns zu, den Stab in seiner ganzen Länge ausnutzend. Ein paarmal auf beiden Seiten der Klinge angewendet wird dieses einfache Verfahren ein erstaunlich scharfes Ergebnis bringen. Es gibt dafür auch eine „fertige" Schleifvorrichtung: Eine Halterung ersetzt dabei unsere Hand beim Festhalten des Stabes. Der Vorteil liegt auf der Hand: Wir müssen uns nicht mehr selbst um den Schleifwinkel kümmern, der ist durch verschiedene Bohrungen in der Halterung vorgegeben. Der Schärfvorgang ist der gleiche wie mit dem „freien" Stab. In einer runden Ziehbewegung wird die Klinge nach unten und auf uns zu bis zur Klingenspitze durchgezogen. Bitte Vorsicht, bei einigen Modellen sind die Keramik- oder Diamantstäbe recht aggressiv in ihrer Abtragwirkung: „Was weg ist, das ist weg!"

Eine weitere Möglichkeit, ein noch nicht ganz stumpfes Messer zu schärfen, ist der „Durchziehschärfer" – ein recht simples Gerät mit eher wenig Abrieb. Das Messer wird horizontal bis zur Spitze durchgezogen. Ein hilfreiches Detail: Zieht man das Messer schräg nach unten durch das Gerät, so wird die Messerklinge abgezogen.

Die Klinge am aufrecht gehaltenen Schleifstab ansetzen (li.) und über die volle Länge bis zur Spitze durchziehen (re.). © Messerschmiede Zeilinger

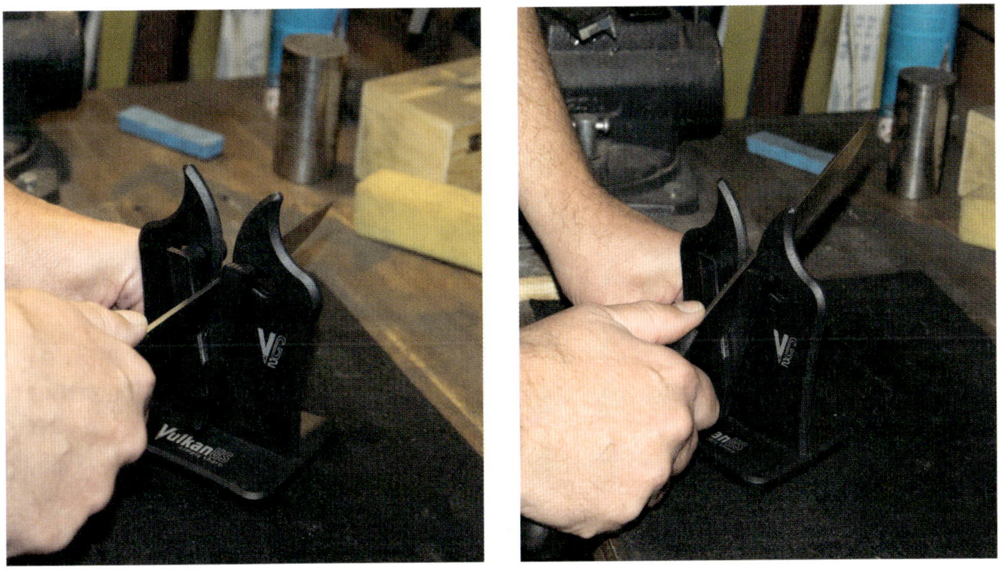

Ein „Durchziehschärfer“ kann zum Schärfen (li.) ebenso dienen wie zum Abziehen der Klinge (re.). © Messerschmiede Zeilinger

Nun wollen wir den „Königsweg" des Klingenschärfens ins Auge fassen: das Schärfen auf Wassersteinen. Aus unerfindlichen Gründen ist diese Methode fest mit dem Mythos verbunden, nur stoisch blickende japanische Zenmeister könnten sie sauber hinbekommen. Weit gefehlt, obwohl gerade das Schärfen mit Wassersteinen eine ausgesprochen meditative Komponente hat ...

Es ist – wie das meiste im Leben – eine reine Übungssache. Wenn man diese Technik erst einmal beherrscht, ist sie möglicherweise die effizienteste aller Schärfmethoden. Was brauchen wir hierzu? Allem voran einen Wasserschleifstein, oder besser zwei, ob der verschiedenen Körnungen für einen vorbereitenden Grobschliff und den endgültigen Feinschliff. Hier empfehle ich, gerade zu Beginn der Übung nicht zu viele verschiedene Steine zu erwerben. Zwei sollten reichen. Und möglichst nicht die allerbilligsten. Diese nützen sich sehr schnell ab, und entsprechend frustrierend ist dann das Ergebnis. Grundsätzlich unterscheiden wir zwischen japanischen Wassersteinen und europäischen Wasser- und Ölsteinen, Natursteinen (Arkansas-Stein und „Belgischer Brocken") und Diamantsteinen. Die Unterschiede sind in Wirklichkeit sehr überschaubar. Japanische Wassersteine sind synthetisch hergestellt und besitzen eine weichere Bindung, das heißt: Die harten Schleifkörper werden etwas „weicher geklebt". Der klassische europäische Wasser- oder Ölstein ist eher hart gebunden und hat dadurch einen etwas geringeren Abtrag. Natursteine sind sehr fein im Schliffbild und eher zum letzten Abziehen geeignet (siehe unten), und Diamantsteine zeichnen sich durch starken Abtrag und ein eher grobes Schleifbild aus. Nichtsdestotrotz können echte Klingenschärf-Aficionados stundenlang und durchaus hitzig über die Vorzüge des ihrer Meinung nach einzig wahren und echten Schärfsteines streiten. Zu denen gehören wir aber (noch) nicht.

Wir haben uns für einen japanischen Wasserstein mit der Körnung 1000 (Achtung: japanische Graduierung; entspricht einer Körnung von 400 nach europäischer Norm) entschieden. Diese Körnung verspricht uns für den Anfang eine gute Gebrauchsschärfe. Als Nächstes brauchen wir eine Unterlage für die Wassersteine: ein gefaltetes Handtuch (es wird „nass" ...), besser noch eine rutschfeste Gummimatte oder gleich eine Schärfsteinhalterung. Nun wird der Stein erst einmal gewässert: Wir legen ihn in Wasser, bis keine Bläschen mehr emporsteigen. Anschließend wird der Stein auf unserer Unterlage platziert. Um jetzt ein Gefühl dafür zu bekommen, wie weit man während der Schärfphase den Klingenrücken in Relation zur Oberfläche des Steines anheben muss, verwenden wir einen kleinen Trick: Wir färben die Schneide unserer Klinge mit einem Permanentmarker ein. So sehen wir sofort, ob unser gewählter Winkel stimmt. Auch ein kleiner Kunststoffwinkelmesser aus der Schule, an die Klinge gehalten, zeigt uns den exakten Winkel an.

Den Stein auf einer rutsch- und wasserfesten Unterlage (li.) oder gleich in einer Schärfsteinhalterung (re.) platzieren. © Messerschmiede Zeilinger

Bei der Kontrolle des richtigen Haltewinkels helfen Farbmarkierungen (li.) und ein Winkelmesser (re.). © Messerschmiede Zeilinger

Wie bei jeder Schärfmethode ist es auch hier notwendig, stets den gleichen Winkel einzuhalten. Zu diesem Zweck verwenden wir jetzt unsere Daumen als Distanzhalter zwischen Klinge und Schärfstein. Wenn wir keinen zu groben Stein verwenden, dann tut's auch nicht weh. Zum Schleifen selbst führen wir die Klinge nach vorn und wieder zurück. Anschließend wechseln wir den „Klingenabschnitt“ und wiederholen das Procedere. Die manchmal zu sehenden bogenförmigen Bewegungen der Klinge während des Schleifens mögen bei jemandem, der dies hauptberuflich macht, schnell zu einem Ergebnis führen; wir hingegen würden dabei den Kontakt zwischen Daumen und Schärfstein verlieren, das Ergebnis wäre dann eher suboptimal. Diesen Ablauf wiederholen wir, bis wir das Gefühl haben, eine gute Grundschärfe erreicht zu haben. Dann wechseln wir für die Endschärfe zu einem japanischen Wasserstein der Körnung 3000.

Die nächste Möglichkeit, eine wassergekühlte elektrische Rundschleifmaschine, eignet sich trotz ihrer unkomplizierten Arbeitsweise und ausgesprochenen Vielseitigkeit nur für Personen, die entweder eine schnelle Schleiflösung suchen oder des Öfteren Klingen zu schärfen haben. Das wesentliche Gegenargument mag hier der doch etwas höhere Anschaffungspreis sein. Die „Tormek“, wie sie – unabhängig vom Hersteller – in Insiderkreisen genannt wird, folgt stets dem gleichen Funktionsprinzip. Ein sich an der linken Seite der Maschine langsam (ca. 90 U/min) vertikal drehender Schleifstein wird im unteren Bereich durch ein Wasserbecken geführt. Dadurch kann die Klinge während des eigentlichen Schärfvorganges niemals überhitzen. An der rechten Seite ist auf derselben Drehachse eine lederbezogene Abziehscheibe befestigt.

Wir lassen nun die Schleifscheibe für ca. 15 Minuten laufen, bis sie kein Wasser mehr aufnimmt. Anschließend befestigen wir die Klinge in einem beiliegenden Werkzeughalter, welcher wiederum an einer höhenverstellbaren Führungsschiene gleitend aufschiebbar ist. Diese Schiene ermöglicht es uns auch, jetzt mittels einer beiliegenden Messlehre den gewünschten Schleifwinkel präzise einzustellen. Wir verwenden auch hier wieder unseren kleinen Trick mit dem Marker; so sehen wir auf wunderbare Weise, welchen Bereich der Schneide wir gerade schärfen. Wir bewegen zu diesem Zweck das Rad mit der Hand und sehen, wo die Farbe weggeschliffen wurde. Danach können wir die Haltevorrichtung entweder absenken, um den Schleifwinkel flacher zu gestalten, oder anheben, um einen steileren Winkel zu bekommen.

Mit den Daumen als Abstandhalter die Klinge vor und zurück über den Schärfstein führen.
© Messerschmiede Zeilinger

An der elektrischen Rundschleifmaschine (li.) kann der gewünschte Schleifwinkel mittels Halterung fest eingestellt werden (re.). © Messerschmiede Zeilinger

Wichtig ist auch hier, nicht zu vergessen, dass nur die Übung den Meister macht. Wo gearbeitet wird, dort passieren auch Fehler, aber beim Klingenschärfen trifft wohl mehr als überall sonst zu, dass „so manche Scharte wieder ausgewetzt werden“ kann ...

Wir aber haben selbstverständlich alles richtiggemacht, und unsere Klinge weist nun die gewünschte Schärfe auf. Jetzt müssen wir noch den Schleifgrat, der sich beim Schärfen gebildet hat, entfernen – „die Klinge abziehen“. Zu diesem Zweck nehmen wir einen alten Ledergürtel – hat jeder irgendwo herumliegen –, platzieren ihn auf einer ebenen Fläche und tragen eine kleine Menge Polierpaste auf. Als Ersatz können wir auch Chrompolitur oder sogar Zahnpasta verwenden. Nun wird die Klinge über das Leder geführt, natürlich in Richtung des Klingenrückens, sonst würde man ja das Leder zerschneiden. Natürlich kann man sich auch einen sogenannten Streichriemen zulegen, nichts anderes als unser eben angesprochener Gürtel in „Profiausführung“, manchmal noch bei Friseuren der „alten Schule“ zu beobachten, wenn sie ein Rasiermesser damit abziehen. Wenn wir eine Rundschleifmaschine verwenden, ist es noch viel einfacher: etwas Schleifpaste auf die Lederscheibe auftragen, einen Winkel – unmerklich größer als unser Winkel auf der Schleifscheibe links – wählen, zwei- oder dreimal die Klinge darüber ziehen. Mehr braucht es nicht, um zu einer wirklich scharfen Klinge zu gelangen. Nach getaner Arbeit umwickeln wir die scharfe Klinge für die kommenden Schritte mit Klebeband, um uns nicht zu verletzen.

An dieser Stelle noch ein Wort über ein Phänomen, das man gerade bei Spitzenköchen beobachten kann: den manchmal „nonchalanten“, um nicht zu sagen fahrlässigen Umgang mit einer grundsätzlich gefährlichen Angelegenheit, nämlich einem wirklich scharfen Messer. In einigen Küchen ist es tatsächlich so etwas wie ein Initiationsritual, sich schon mal „richtig“ geschnitten – und einfach weitergearbeitet zu haben ... Das ist aus meiner Sicht Ausdruck eines Machismo der dummen Art, welchen wir nicht kopieren wollen. Ich möchte natürlich auch nicht behaupten, man müsse beim Messerschärfen unbedingt feste Handschuhe verwenden, aber einen gewissen Respekt vor einer scharf geschliffenen Waffe – und das wird ein Messer immer sein – sollten wir nie ganz verlieren. Das gilt auch für das verständliche Verlangen, beim Schärfen zu überprüfen, ob die Klinge schon ausreichend scharf ist. Wie schon angeführt: Ich persönlich teste den Schärfegrad an einer Zeitungsseite. Viele Schüler jedoch versuchen, sich mit der frisch geschärften Klinge zu rasieren. Ob sie wohl auch zu Hause ihr Steak mit einer Rasierklinge schneiden? Und dann ist da natürlich noch der ultimative Test: Man prüft den Schärfegrad, indem man mit der Fingerkuppe über die Schneide streicht ...

Darum sollte gerade beim Schärfen eines Messers stets ein gut gefüllter Verbandkasten bereitstehen, am besten mit Pflastern, die sich notfalls auch mit nur einer Hand aufkleben lassen. Muss nicht sein, kann aber passieren.

GRIFFMONTAGE

Nun beginnt der letzte Akt: das Anbringen des Griffes. Der Griff ist ein essenzieller Teil unseres Messers, bildet er doch die Verbindung zwischen unserer Hand und der Klinge.

1. Vor uns liegen jetzt zwei ausreichend große Griffplatten bereit. Es wäre fraglos von Vorteil, wenn wir beim ersten Messer auf komplizierte asymmetrische Griffe wie Hirschgeweihe, gedrehtes Horn etc. verzichten würden.

2. Wir platzieren die Flachangel unserer Klinge auf der ersten Griffplatte. Am Anfang ist es von Vorteil, die beiden Teile mit einer Klammer (Schraubzwinge etc.) zu fixieren. *Wichtig: Die Griffplatte muss logischerweise über den Rand der Flachangel hinausragen, sprich: überall zu sehen sein.*

Für den ersten eigenen Griff einfaches Material wie Holz verwenden. © Messerschmiede Zeilinger

Griffplatte mit einer Schraubzwinge an der Flachangel fixieren. © Messerschmiede Zeilinger

3. Jetzt zeichnen wir mit unserem schon bewährten Filzstift die Umrisse der Flachangel auf der Griffplatte ein. Wie weit in Richtung der Spitze der Griff reichen soll, ist Geschmackssache. Ein Abstand von ca. 10 mm zum Ricasso hat sich am besten bewährt. Dieses Procedere wiederholen wir mit der zweiten Griffplatte. Wir haben dann auf jeder unserer Griffplatten die Umrisse unserer Flachangel. Anschließend werden diese mit der Säge großzügig ausgeschnitten. Ob wir zu diesem Zweck nun die **Holzsäge**, die **Laubsäge** oder – hier klar von Vorteil – eine **Bandsäge** verwenden, ist nicht so wichtig. Wir sägen die Griffrohlinge nur grob aus, ca. 3 mm „Übermaß" zur endgültigen Form lassen wir für den noch folgenden Feinschliff stehen.

Jetzt kommen die Bohrungen für die spätere Montage der Griffschalen mittels Befestigungsstiften aus Messing an die Reihe. (Diese werden auch verklebt, ebenso wie die Griffschalen.) Die Klinge dient uns nun als Bohrschablone.

Zu Beginn bereiten wir unsere Messingstifte vor. Wir schneiden auch hier mit ca. 1 mm Übermaß zu der korrekten Länge (Stärke der zwei Griffschalen plus Stärke der Klinge – mit der Schiebelehre messen!) von unserer Messingstange ab. Bitte nicht vergessen, die Schnittstellen mit einer **Feile** oder **Schleifleinen** sorgfältig zu entgraten! Dann klemmen wir mit unserer Parallelzwinge („Spannhand") die erste Griffschale an der Flachangel der Klinge fest. Natürlich so, dass die Bohrungen in der Klinge frei liegen.

Wichtig: Die Griffschale muss überall „überstehen", also zu sehen sein. Wir achten auch darauf, dass die Auflage, welche wir zum Bohren benutzen, absolut frei von Bohrspänen oder anderen Verunreinigungen ist. Nur so erzielen wir exakt senkrechte Bohrlöcher. Auch nur ganz leicht verkantete, „schiefe" Bohrungen verhindern das problemlose, friktionsfreie Zusammenfügen von Griffen und Klinge, und die Griffe wandern in den Mülleimer.

Griffumrisse sowie Bohrungen zur Befestigung mit Filzstift anzeichnen.

4. Sobald die erste Bohrung gesetzt ist, fixieren wir den Griff sofort mit dem ersten Stift. Somit ist die Griffschale gegen ein etwaiges Verschieben gesichert.

5. Nach dem Anbringen der zweiten Bohrung wiederholen wir die Prozedur mit unserer zweiten Griffschale – und schon steht einer ersten „Probemontage“ nichts mehr im Wege.

Erstes Loch bohren und die Griffplatte mittels Messingstift befestigen.
© Messerschmiede Zeilinger

Die beiden Griffschalen liegen plan auf, und die beiden Messingstifte passen stramm in die Griffbohrungen. Vermutlich wird es notwendig sein, die vier Griffbohrungen mit dem passenden Bohrer vorsichtig noch etwas zu erweitern.

Die Dimensionierung des Griffes ist durch die Flachangel an Unter- und Oberseite sowie am Griffende vorgegeben. Dort werden wir nach dem Verkleben des Griffes das Griffmaterial bis auf die Flachangel wegschleifen oder -feilen. Lediglich an der vorderen Seite des Griffes in Richtung Spitze fehlt logischerweise die Begrenzung.

Da wir die Griffe auch hier schön gleichmäßig haben wollen, demontieren wir diese wieder, entfernen die Klinge und verbinden beide Teile des Griffes wieder mit unseren Messingpins. Jetzt können wir die vorher festgelegte Form des vorderen Griffendes problemlos synchron mit **Feile**, **Schleifleinen** oder **Bandschleifer** herstellen und polieren.

Zweites Loch bohren (li.) und das vordere Ende beider Griffteile zurechtfeilen (re.).
© Messerschmiede Zeilinger

6. Wir nähern uns schon mit Riesenschritten dem finalen Teil, der endgültigen Befestigung des Griffes und dessen endgültigem Finish. Bevor wir kleben, versichern wir uns noch einmal im „Trockentest“, dass nun alles passt: Die Griffe liegen plan auf der Flachangel auf, die Stifte lassen sich ohne viel Verkanten und Klopfen einsetzen, die vorderen Ränder der Griffe sind fertig.

Bevor wir die Griffe verkleben, müssen die einzelnen Komponenten gründlich entfettet werden. Zu diesem Zweck greifen wir zu Aceton, Nitroverdünner, Waschbenzin o. Ä. und reinigen alles, auch die Stifte. Schließlich legen wir die Teile zum Trocknen auf ein Stück Küchenpapier oder Vergleichbares.

7. Zwei oder drei Schraubzwingen (je nach Größe des Griffes) liegen bereit; der Schraubstock ist mit Schutzbacken versehen. Nun befestigen wir unsere Klinge mit der Flachangel nach oben im Schraubstock. Sinnvoll ist es, bereits jetzt dünne Latexhandschuhe zu tragen. Dies schützt einerseits die Klinge vor möglichen öligen Fingerspuren, andererseits auch unsere Finger vor dem Klebstoff.

Nun nimmt man den Zweikomponentenkleber, idealerweise in einer Doppeltube mit Kleber und Härter. Wir benützen ein meist beiliegendes kleines Mischgefäß oder – genauso gut – ein umgedrehtes Stück Schleifleinen und drücken eine Menge in der Größe einer Zweieuromünze aus der Tube. Diese Klebstoffmenge besteht zu gleichen Teilen aus Kleber und Härter. Wir vermischen nun die beiden Substanzen, am besten gleich mit dem behandschuhten Finger.

Alle Messerbestandteile sehr gründlich von Fett und Schmutz reinigen. © Messerschmiede Zeilinger

Anmischen des Zweikomponentenklebers. © Messerschmiede Zeilinger

8. Wenn (abhängig vom Präparat) eine leichte Grautönung eintritt, beginnt man mittels eines Holzspatels (sollten Sie gern Eis am Stiel essen – den Stiel nicht wegwerfen ...) oder des Fingers mit dem *sparsamen* Auftragen des Klebstoffes auf die Angel, die Griffschalen und die Stifte. Nun haben wir für gewöhnlich ca. fünf Minuten Zeit, um alles zusammenzufügen. Es gibt auch Zweikomponentenkleber mit einer weit längeren Aushärtedauer – bitte vergewissern Sie sich auf der Verpackung, dass Sie einen schnell härtenden Kleber verwenden.

Anschließend pressen wir die Griffschalen unter *mäßigem* Druck mittels Schraubzwingen zusammen und warten, bis unser Kleber ausgehärtet ist. Dieser Vorgang kann je nach Temperatur zwischen zehn und 30 Minuten dauern. Zwischenzeitlich entfernen wir mittels in Aceton o. Ä. getränkten Tuchs alle Klebstoffrückstände, die beim Zusammendrücken möglicherweise herausgepresst worden sind.

Griffschalen, Angel und Messingstifte mit Kleber bestreichen und zusammenfügen, dann mittels Schraubzwingen zusammenpressen. © Messerschmiede Zeilinger

9. Nachdem der Kleber ausgehärtet ist, können wir mit der endgültigen Formgebung des Griffes beginnen. Als Erstes wird der Griff der Form der Flachangel angepasst. Mit der **Feile** oder mit der **Bandschleifmaschine** geht es am besten.

Den fertig montierten Griff an die Form der Flachangel anpassen – mit **Feile** (li.) oder **Bandschleifer** (re.).

Nun wird's ein bisschen komplizierter. Wir passen die Form des Griffes unserer Hand, unseren Ideen, unseren Vorstellungen an. Es geht hier um den Begriff der Haptik. Die Haptik ist die Lehre vom Tastsinn, wie man einen Gegenstand durch das „Be-greifen" erkennen und beurteilen kann. Dazu gehört, dass jeder Mensch einen individuellen Gegenstand – wie eben einen Messergriff – auf eine ganz eigene Weise danach beurteilt, was den Komfort oder eben das Handling betrifft.

Viele meiner Schüler entscheiden sich für einen eher ovalen Querschnitt des Griffes mit stark abgerundeten Kanten. Andere wiederum wollen ihre Griffe lieber mit stärker ausgeprägten kantigen Formen. So bleibt es nun Ihnen, meiner verehrten Leserschaft, selbst überlassen, wie weit und in welcher Form Sie Ihren Messergriff ganz individuell gestalten wollen. Ich möchte Ihnen lediglich in nun schon altbewährter Manier einige Tipps geben und Ratschläge anbieten, wie es ein wenig leichter vonstattengehen kann.

1. Zuallererst müssen wir nun ein wenig umdenken, was das Ausgangsmaterial betrifft. Egal, ob wir uns bei der Wahl des Griffmaterials für Holz oder ein Glasfaserverbundmaterial wie Epoxidharz-Laminat, Acrylglas etc. entschieden haben: Es wird sehr viel leichter zu bearbeiten sein, als wir es vom Stahl gewohnt sind.

Das bedeutet, bei aller Freude, dass wir bei der Wahl unserer Werkzeuge etwas vorsichtiger sein sollten. Eine scharfe Schruppfeile oder Holzraspel würde sehr schnell zu viel Material abtragen – Material, welches wir nicht mehr „wieder draufgeben" können. Daher Vorsicht bei der Verwendung von **Bandschleifgeräten** oder **Winkelschleifern**. Sinnvoller ist hier der Umgang mit **Schleifleinen in aufsteigenden Körnungen**. Wir können auch hier die Klinge entweder direkt in den Schraubstock (*mit Schutzbacken!*) einspannen und so die Ober- und Unterseite bearbeiten.

Griff behutsam und mit Bedacht in Form bringen.
© Messerschmiede Zeilinger

2. Oder wir fixieren sie, wie schon zuvor, mittels Holzbrett im Schraubstock mit der Schraubzwinge, um die Seiten zu bearbeiten. Bei diesem Bearbeitungsschritt werden wir als Erstes die noch leicht überstehenden Stifte mittels **Feile** oder **Bandschleifmaschine** plan zum Griff abschleifen.

Wichtig: Wenn wir nun mit unserem **Schleifleinen** über die Messingstifte schleifen, dann *immer* nur mit einem festen Schleifklotz. Würde man das **Schleifleinen** mit der Hand – vorzüglich mit dem Daumen – über die Griffflächen führen, so trüge das Schleifleinen das weiche Griffmaterial rund um die Stifte herum stärker ab als die Metallpins selbst, und diese würden plötzlich wieder hervorstehen. Im Bereich rund um die Stifte arbeiten wir daher nur mit Schleifklotz.

Anschließend formen wir mit dem **Schleifleinen** und/oder einer feinen **Feile** die gewünschte Kontur heraus. Wie sie aussehen soll, sagt uns jetzt unser Gefühl, die schon besprochene Haptik. Wir nehmen unser Messer immer wieder in die Hand, um es zu fühlen, zu erspüren, wo man es noch besser machen könnte, wo es sich noch „unbequem" anfühlt. So wird es langsam, aber sicher in die richtige Form gebracht. Bitte fragen Sie nicht Ihre Frau, nicht den Onkel Karl und auch nicht die zusehenden Kumpels vom Jagdverein, wie es sich anfühlt. Jeder, wirklich jeder hat eine andere Meinung, die uns aber herzlich egal ist, da es ganz allein *Ihr* Messer ist. *Sie* müssen irgendwann das Gefühl haben, dass es nun „perfekt" und somit reif für den – im wahrsten Sinne des Wortes – letzten Schliff ist.

Der Griff hat nun die „perfekte" Form, fühlt sich aber noch ein bisschen unfertig oder rau an, deshalb beginnen wir nun, das Holz oder den Verbundstoff mit immer feineren Körnungen zu glätten. Bei Epoxidharz-Laminat, Acrylglas und allen anderen Glasfaserverbundstoffen werden wir bei Körnung 800 bereits eine sehr saubere, glatte Oberfläche sehen. Bei Holz wäre es genauso – wären da nicht die leidigen winzigen „Härchen" oder Holzfasern, welche jedem normalen Schleifversuch widerstehen.

Aber nicht bei uns! Jetzt kommt tatsächlich noch ein weiterer Griff in die Trickkiste: Wir

Wichtig: Leicht herausstehende Messingstifte müssen heruntergefeilt werden!
© Messerschmiede Zeilinger

befeuchten unseren Holzgriff mit Wasser oder, noch besser, mit hochprozentigem Alkohol (eine Flasche mit 80%igem Ansatzschnaps in meiner Werkstätte sorgt immer wieder für Getuschel bei den Schülern ...). Die Wirkung ist die gleiche, der Alkohol verdunstet nur viel schneller. Die letzten kleinen Holzfasern richten sich dadurch steil auf. Wir schleifen sie erneut ab und wiederholen unsere Alkoholbehandlung. Siehe da: Nach dem zweiten Durchgang ist auch der Holzgriff völlig glatt.

Jetzt noch mithilfe eines trockenen, flusenfreien **Lappens** oder einer **Polierscheibe** den Holzgriff mit Holzöl (z. B. Leinöl) oder einer der unzähligen Holzlasuren einlassen (je öfter und intensiver, umso schöner wird das Holz ...) – und es ist tatsächlich passiert: Wir haben es geschafft, das Messer ist fertig! *Vor uns liegt ein handgeschmiedetes, handgefertigtes Messer.*

BUCK

IHRE EIGENE MESSERSCHEIDE

Was fehlt unserem Messer jetzt noch? Sollte es ein Küchenmesser geworden sein, ist unsere Arbeit beendet. Nur eines noch: Bitte nicht in der Bestecklade liegen lassen, ein Messerblock wäre das Richtige! Sollte es hingegen ein Messer für „draußen" geworden sein, brauchen wir eine Möglichkeit, das Messer bei uns tragen zu können. Die Lösung: eine Messerscheide aus Leder oder eine Kydexscheide.

MESSERSCHEIDE AUS KYDEX

Für den Einstieg wählen wir die einfachere Variante, eine **Messerscheide aus dem Verbundmaterial Kydex**. Warum? Das Bearbeiten von Leder setzt neben einer gewissen Grundausstattung (siehe Folgeabschnitt) ein „gerüttelt Maß" an Erfahrung voraus, um ein vorzeigbares Produkt herstellen zu können. Kydex hingegen ist auch für den Anfänger einfach zu bearbeiten.

Es ist in einer Unzahl von Farben, Mustern und Schattierungen erhältlich. Die Stärke der Kydexplatten variiert von 1,5 mm bis 3,2 mm. Wir verwenden für unser „Modellprojekt" eine Kydexplatte der Stärke 2 mm in der Farbe Schwarz. Insgesamt brauchen wir:

MATERIAL

Kydexplatte 2 mm, schwarz
Buchschrauben („Chicago Screws") mit Kopfdurchmesser 10,5 mm, Hülsendurchmesser 5 mm
System „Tek-Lok" (inkl. Schrauben und Distanzscheiben)
Spiralbohrer 5,5 mm
Elektrobackofen
kleine Holzbretter
kleine Hartschaumplatten
Schraubzwingen
Laubsäge / **Bandsäge**
doppelseitiges Klebeband

Bei unserem Modell wird die gegenständliche Messerscheide verschraubt. Es besteht darüber hinaus noch die Möglichkeit, die Scheide zu vernieten, an sich die elegantere, aber auch die arbeitsaufwendigere Methode; die Verwendung einer Nietzange bewährt sich im Allgemeinen nicht, die Anschaffung einer Nietpresse ist daher unumgänglich, um ein vorzeigbares Ergebnis zu erzielen.

Um die Messerscheide am Gürtel zu befestigen, stehen uns mehrere Varianten zur Verfügung. Zu nennen sind das „Tek-Lok"-System, das beim US-Militär bevorzugte „MOLLE"-System sowie die sehr simple Aufhängung mittels Paracord-Schnüren. Es ist ein herausragendes Merkmal des Kydex-Systems, dass dem Basteltrieb des Verwenders keine Grenzen gesetzt sind. Wir verwenden für unser Vorhaben das in unseren Augen perfekte „Tek-Lok"-System. Dieses System ist in verschiedenen Größen und Ausführungen erhältlich.

Nun beginnen wir aber endlich mit dem Bau unserer Kydexscheide. Das Besondere daran: Es gibt wie beim Backen ein „Rezept". Man nehme ...

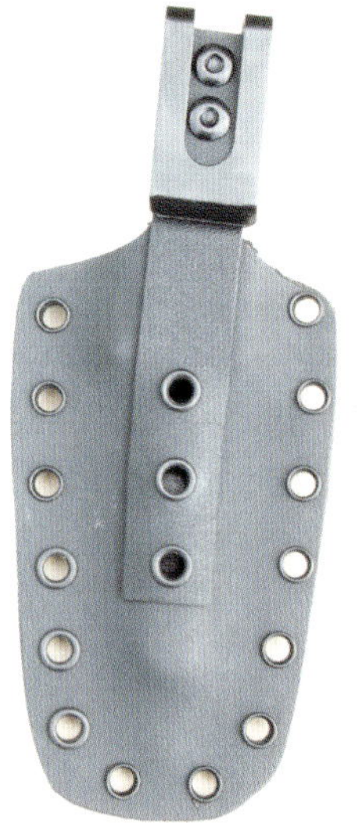

1. Zu Beginn fertigen wir aus Papier oder dünnem Karton eine Schablone an, die die geplante Form der Messerscheide abbildet. Das Maß aller Dinge ist selbstredend die von uns geschmiedete Klinge. Die Schablone sollte die Klinge „ummanteln" und so bemessen sein, dass am offenen Rand ausreichend Platz für unsere Befestigungsschrauben verbleibt.

Abmessen der umhüllenden Messerscheide; Anfertigung der Schablone. © Messerschmiede Zeilinger

2. Als nächsten Schritt schneiden wir aus unserer Kydexplatte ein rechteckiges Stück aus, auf dem die aufgeklappte Schablone ausreichend Platz findet. *Achtung: Unsere Kydexplatte hat zwei unterschiedliche Seiten, eine raue und eine glatte, glänzende. Die glänzende Seite wird als Innenseite gewählt.*

3. Wir platzieren nun als Nächstes die zugeschnittene Kydexplatte auf einem Stück Backpapier in einem auf ca. 120 °C vorgeheizten kleinen Backofen (im Elektrofachhandel für niedrige zweistellige Eurobeträge erhältlich). Jetzt heißt es warten, bis die Kydexplatte die Konsistenz einer warmen Schmelzkäsescheibe aufweist. Sie entschuldigen die Wortwahl: eben wie für einen Toast.

4. Wir haben vorher bereits eine Vorrichtung gebastelt, die aus zwei Holzbrettern und zwei damit in der Größe korrespondierenden Hartschaumplatten (im Sportfachhandel oder Baumarkt erhältlich) besteht, welche mit doppelseitigem Klebeband jeweils aneinander befestigt wurden. In diese sehr einfache, aber dennoch effiziente Pressvorrichtung wird das weiche Kydexstück nun mit der glatt-glänzenden Seite nach innen, wie ein Blatt Papier in Längsrichtung gefaltet, eingelegt.

Dann beschweren wir die Presse, indem wir einen mindestens 30 kg schweren Gegenstand oder notfalls uns selbst daraufstellen. Nach ungefähr fünf Minuten entnehmen wir die jetzt zusammengefaltete Kydexplatte der Presse. *Achtung: Die heiße Kydexplatte nur mit festen Handschuhen anfassen!*

Erwärmen der zugeschnittenen Kydexplatte im Elektroofen. © Messerschmiede Zeilinger

Bauteile zur Konstruktion einer einfachen Presse für den Kydexzuschnitt. © Messerschmiede Zeilinger

5. Sollten Sie bemerken, dass die Ränder an der offenen Seite nicht ganz überlappen (2–3 mm Toleranz), so können Sie diesen Umstand bedenkenlos ignorieren. Hat sich die Platte etwas mehr verschoben, so entdecken wir nun die wunderbare Eigenschaft des Materials: Wir können die Kydexplatte durch wiederholtes Aufheizen immer wieder neu in die richtige Form bringen.

Jetzt halten wir bereits die perfekte Ausgangsbasis für unser Projekt Messerscheide in Händen.

6. Wir übertragen die zusammengeklappte Schablone aus Papier oder Karton auf das geformte, erkaltete Kydex. Am besten eignet sich hierfür ein weicher Bleistift, der jederzeit mittels Radiergummi entfernt werden kann. Bitte Vorsicht bei der Verwendung eines Filzstiftes: Dessen Farbspuren sind auf der rauen Seite des Kydex nur schwer zu beseitigen.

Nachdem wir die Modellschablone auf das „Werkstück“ übertragen haben, setzen wir die vorgezeichneten Bohrungen. Es empfiehlt sich, als Abstandhalter die Bohrungen des „Tek-Lok“ zu verwenden, da wir dieses ja auf der Scheide montieren wollen. Noch ein kleiner Tipp am Rande: Wählen Sie den Bohrdurchmesser ca. 0,5 mm größer als den Durchmesser der Schraubhülsen.

Gefaltete Kydexplatte. © Messerschmiede Zeilinger

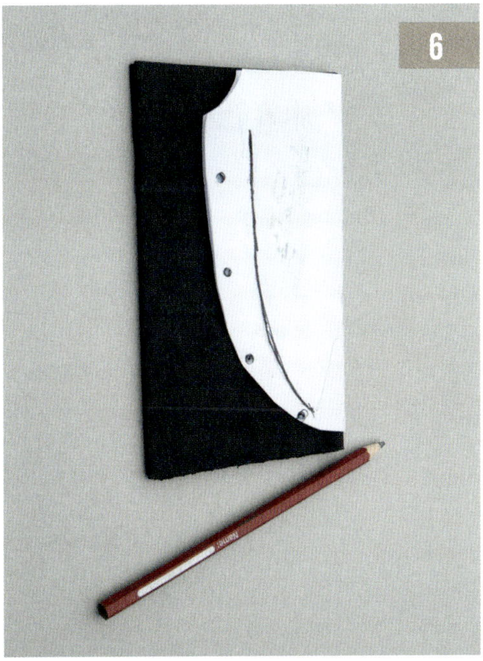

Schablonenmaße mit einem weichen Bleistift anzeichnen. © Messerschmiede Zeilinger

7. In weiterer Folge schneiden wir die angezeichnete Form mittels einer **Laubsäge** oder einer **Bandsäge** aus der gefalteten Kydexplatte heraus. Dann montieren wir die Schrauben in den dafür vorgesehenen Bohrlöchern.

Der Optik zuliebe bedenken wir, dass es „professioneller“ wirkt, wenn sich alle Schlitzschrauben auf der gleichen Seite befinden. Dies bekommt eine besondere Bedeutung, wenn Sie sich überlegen, auf welcher Körperseite Sie Ihre Messerscheide tragen möchten. Die „Tek-Lok“-Vorrichtung kann sowohl rechts als auch links montiert werden. Dieser Gedankengang dient Ihrer Bequemlichkeit, sie ersparen sich dadurch nur, der Symmetrie gehorchend, ein etwaiges „Umschrauben“.

Ausschneiden der Messerscheidenform aus der gefalteten Kydexplatte mittels **Laubsäge** (li.) oder **Bandsäge** (re.). © Messerschmiede Zeilinger

8. Der Backofen wird erneut auf ca. 120 °C aufgeheizt und unser jetzt schon erkennbarer Scheidenrohling hineingelegt. Durch das Erhitzen erreichen wir die bereits bekannte „Schmelzkäsebeschaffenheit"; optisch erkennbar: Der Rohling dehnt sich durch das Erhitzen aus.

9. Wir entnehmen das Kydexstück *(Achtung: Metallschrauben glühend heiß!)*, platzieren unser Messer so rasch als möglich, die Einstecktiefe beachtend, im Scheidenrohling und legen diesen unverzüglich in die Presse.

Sollten Sie die Pressvorrichtung mit Ihrem Körpergewicht beschweren, so raten wir Ihnen, sich Lesestoff zu besorgen oder gute Musik einzuschalten, denn jetzt dauert es mindestens 15 Minuten, bis die Warmumformung komplett abgeschlossen ist und die Kydexscheide erkaltet.

10. Wir entnehmen die Scheide der Presse und entfernen das Messer, welches streng, aber nicht zu fest sitzen sollte. Ist die Passung zu fest, können Sie die Öffnung mittels eines Heißluftföns und Ihres Messers in der Scheide etwas aufweiten.

Durch Erhitzen ausgedehnter Scheidenrohling. © Messerschmiede Zeilinger

Einlegen ... © Messerschmiede Zeilinger

... und Pressen des Scheidenrohlings mit eingelegtem Messer. © Messerschmiede Zeilinger

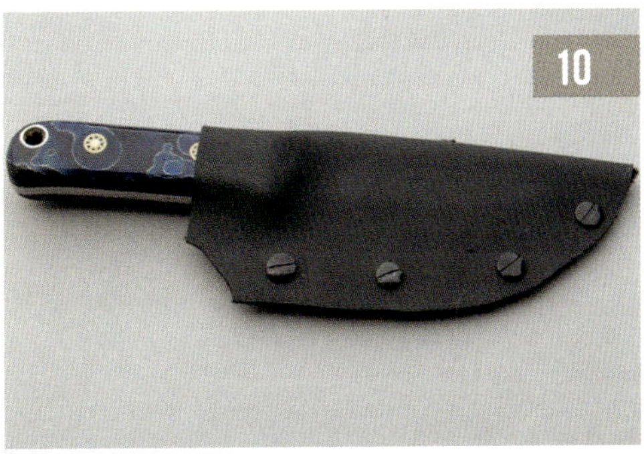

Fertig an die Messerklinge angepasster Scheidenrohling. © Messerschmiede Zeilinger

11. Nun folgt schon fast das Endfinish: Wir bringen unsere Kydexscheide endgültig in Form, indem wir die Kanten mittels eines Schleifbandes, einer Feile oder mithilfe von Schleifleinen bearbeiten.

12. Dann kommt das „Tek-Lok"-System ins Spiel. Zu diesem Zweck lösen wir die beiden Schrauben, die wir für dieses vorgesehen haben. Dem „Tek-Lok"-System sind nebst Schrauben auch Distanzscheiben beigefügt; diese sorgen für den geraden Sitz des Systems, nachdem wir die beiliegenden Schrauben eingesetzt haben.

Wie Sie bemerken werden, verhält sich das „Tek-Lok"-System wie Lego für Erwachsene: So besteht zum Beispiel die Möglichkeit, durch eine um 90° gedrehte Anordnung des „Tek-Lok" die Klinge waagrecht zu tragen. Sie können dieses aber auch jederzeit durch das bei Uniformträgern beliebte „MOLLE"-System ersetzen, der Fantasie sind auch hier keine Grenzen gesetzt.

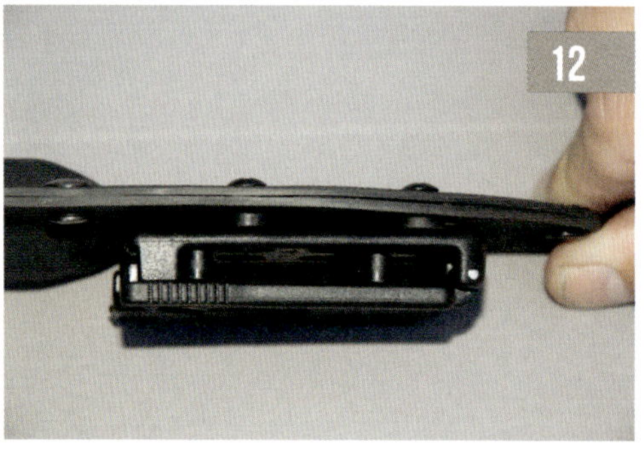

Scheidenkanten glätten mithilfe einer Feile (oben li.) oder eines Schleifbandes (oben re.).
© Messerschmiede Zeilinger

„Tek-Lok" an der Messerscheide festschrauben (li.).
© Messerschmiede Zeilinger

MESSERSCHEIDE AUS LEDER

Um unser Messer zu transportieren, aufzubewahren und stets griffbereit zu haben, benötigen wir eine sowohl formschöne als auch sichere Lösung aus funktionellem Material. Sicher hat ein kunstfertig hergestelltes Holster aus bestem englischen Sattlerleder gerade bei einem Jagdmesser seinen diskreten, aber unbestreitbaren Charme. Doch Vorsicht, so schön Leder auch anzusehen ist, hat es doch einige Nachteile. Eine aus diesem Material gefertigte Messerscheide bedarf regelmäßiger Pflege, da sonst die Gefahr besteht, dass das Leder brüchig wird und sich die Nähte auflösen. Ein weiteres Manko ist die im Leder sitzende Gerbsäure, ein Überbleibsel aus dem Herstellungsprozess, welche vor allem bei einer nass gewordenen Lederscheide die Oberfläche der Messerklinge angreifen und ihr Schaden zufügen kann. Auch möchten wir darauf hinweisen, dass die Herstellung einer Lederscheide etwas aufwendiger ist und die Beschaffungskosten für Material und passendes Werkzeug zur Lederbearbeitung weit höher anzusetzen sind als bei einer Kydexscheide. Der benötige Zeitaufwand ist ebenfalls nicht zu unterschätzen. Sollten Sie sich trotz aller soeben angeführten Gründe für die Ästhetik einer **Scheide aus Leder** entscheiden, benötigen Sie folgende Lederwerkzeuge und Materialien zu ihrer Bearbeitung:

MATERIAL

Papier / dünner Karton
Bleistift
Schere
Teppichmesser
Stechahle
Hammer
Nahtversenker
Prickrad
Prickeisen
Kantenhobel
Sattlernadeln
Ledernähgarn (gewachst)
Sekundenkleber / Lederkleber
Feile
Schleifleinen
Lederpflegeprodukte

1. Zu Beginn verwenden wir ein Blatt Papier oder einen dünnen Karton im Format A3 oder A4, je nach Größe des Messers, für die Schablone. Das Papier wird in der Mitte längs gefaltet. Wir stellen das Messer mit dem Messerrücken „hochkant" auf die Mittellinie des Papiers, um anschließend die Konturen sowohl auf der linken als auch auf der rechten Seite nachzuziehen. So können wir die benötigte Größe der Schablone für die Messerscheide festlegen.

Mittiges Aufstellen und Anzeichnen der Konturen der Messerklinge. © Messerschmiede Zeilinger

2. Wir umranden die aufgezeichneten Messerkonturen (am besten mit einem kleinen Sicherheitsabstand zur tatsächlichen Größe), um dadurch die Form der Schablone zu entwerfen, welche im Anschluss ausgeschnitten wird.

3. Nun wird der sogenannte Keder aufs Papier gebracht. Als Keder bezeichnet man die Randverstärkung für die Messerscheide. Dieser ist notwendig, um zu verhindern, dass die geschärfte Klinge mit der Zeit die Nähte der Lederscheide durchtrennt. Auch die Kederschablone wird ausgeschnitten.

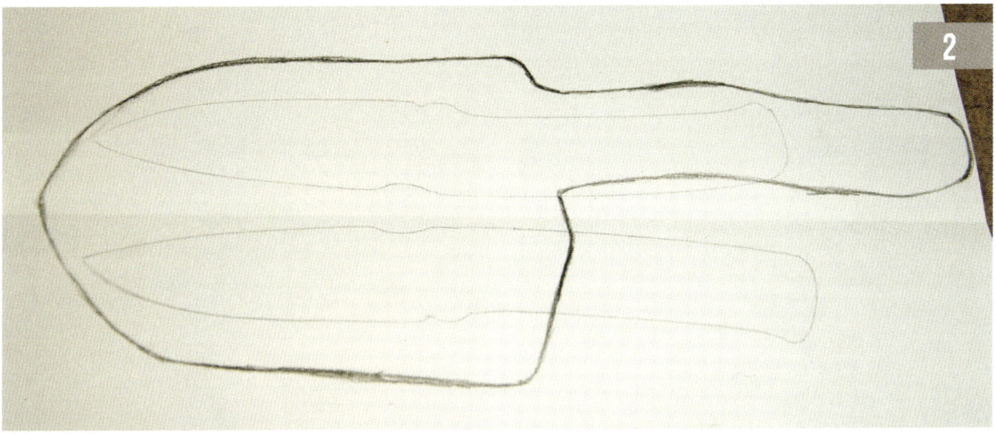

Anzeichnen der Scheidenform. © Messerschmiede Zeilinger

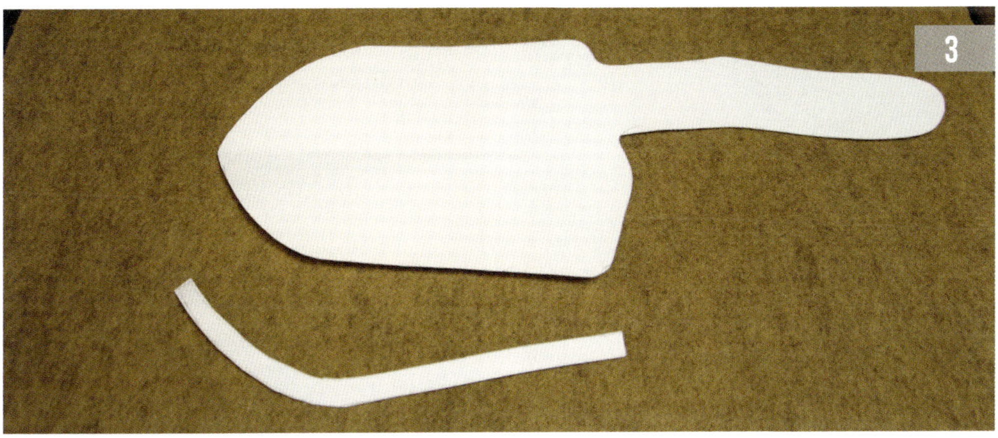

Zusätzliche Schablone für die Randverstärkung („Keder"). © Messerschmiede Zeilinger

4. Die beiden Schablonen legen wir auf die aufgeraute Seite des Sattlerleders und zeichnen ihre Umrisse nach. Achten Sie darauf, ob die Messerscheide links oder rechts getragen werden soll. Die von uns gezeigte Lederscheide wird rechts getragen. Die aufgezeichneten Formen der Schablonen werden mit dem Teppichmesser aus dem Leder herausgearbeitet. Um eine optimale Passform des Keders zu garantieren, wird der obere Teil zur Spitze der Messerscheide hin mit dem Teppichmesser abgeschrägt.

5. Wir nehmen nun den vorbereiteten Lederrohling zur Hand, stellen den Nahtversenker auf den gewünschten Abstand ein (meist zwischen 3 und 5 mm) und ziehen ihn am Rand entlang.

6. Anschließend mit dem Prickrad die „Spurrille" nachfahren und die so erzeugten Vertiefungen mit der Stechahle vergrößern.

Ausschneiden der Lederteile und Anpassen des Keders. © Messerschmiede Zeilinger

Einsatz des Nahtversenkers.
© Messerschmiede Zeilinger

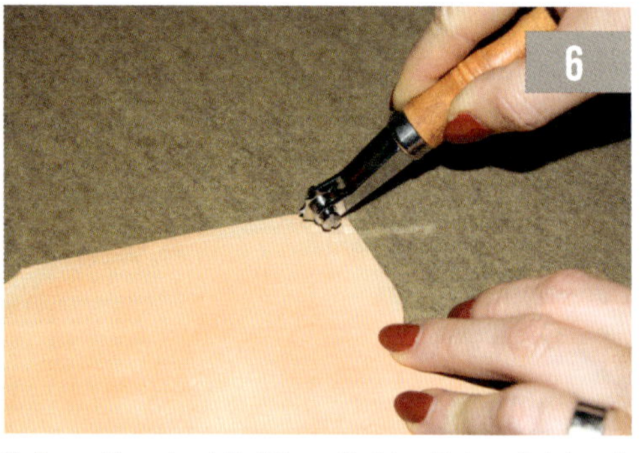

Präparation der künftigen Naht mit dem Prickrad.
© Messerschmiede Zeilinger

7. Jetzt noch mit dem Kantenhobel den gesamten Scheidenrohling abrunden.

8. Es folgt die Naht für die Gürtelschlaufe: Mit dem Prickeisen und einem kleinen Hammer schlagen wir ein dreieckiges Muster in die Schlaufe. Hier sind Ihrer Fantasie keine Grenze gesetzt. Dann kommt wieder die Stechahle zum Einsatz: Wir bestimmen die Breite der Gürtelschlaufe, klappen den länglichen Teil um und verwenden die bereits vorhandenen Löcher als Vorlage für das darunterliegende Leder.

Mit dem gewachsten Ledergarn vernähen wir die beiden Flächen. Optimal dafür ist die sogenannte Sattlernaht, die allerdings einiger Übung bedarf.

Abrunden des Scheidenrohlings mit dem Kantenhobel. © Messerschmiede Zeilinger

Annähen der Gürtelschlaufe. © Messerschmiede Zeilinger

9. Die eine Seite des Keders mit Leder- oder Sekundenkleber bestreichen und auf die raue Innenseite des Lederrohlings kleben. Nach dem Trocknen die andere Seite des Keders mit Klebstoff versehen, das Lederstück zusammenklappen und, wenn möglich, sofort in einen Schraubstock einspannen, die Lederscheide durch zwei Flachhölzer geschützt. Es können auch Schraubzwingen zum Fixieren verwendet werden.

10. Nach dem Aushärten des Klebstoffes werden mit einem der Stärke des Wachsfadens korrespondierenden Bohrer die gut sichtbaren runden Markierungen gebohrt, den Keder durchstoßend. Erneut verwenden wir die Sattlernaht zum Vernähen. Das Glätten der Abschlussflächen erfolgt wahlweise mit einer Bandschleifmaschine, einer feinen Feile oder Schleifleinen. Um das Leder vor Umwelteinflüssen zu schützen, wird ein Pflegeprodukt aufgetragen.

Aushärten der verklebten Lederscheide im Schraubstock. © Messerschmiede Zeilinger

Bohren der Nahtlöcher. © Messerschmiede Zeilinger

SCHLUSS

VON EINEM, DER AUSZOG, DAS SCHMIEDEN (UND DAS FÜRCHTEN) ZU LERNEN – ERFAHRUNGSBERICHT

TAG 1

Heute ist es soweit.

Letzte Woche habe ich den Schmiedekurs in der Messerschmiede Zeilinger erfolgreich absolviert. Nach Beendigung des Kurses war ich selbstredend Feuer und Flamme, jetzt zu Hause selbst zu schmieden, und habe meinem Kursleiter Löcher in den Bauch gefragt, wie das denn zu bewerkstelligen sei.

Die Garage und der Platz davor gehören ab heute mir allein. Meine bessere Hälfte Veronika parkt seit gestern Abend mit ihrem Auto auf der Straße; das wird mich einiges kosten. Auch meinem Nachbarn, unserem Tierarzt, habe ich mit einer guten Flasche Wein in der Hand erklärt, dass es ab heute ein bisschen lauter wird.

So, kurz rekapitulieren, ob ich jetzt auch wirklich alles beisammen habe. Ja, ich habe mir tatsächlich einen kleinen Amboss gekauft. War ein Sonderangebot. Schmieden werde ich ein Stück Rundstahl. Gerhard, der es mir zur Verfügung stellte, sagte, es sei ein 1.1061 Stahl, der perfekte Stahl zum Schmieden für einen Anfänger. Selbstverständlich hat er mir auch ein Datenblatt für diesen Stahl mitgegeben, damit ich bei der Wärmebehandlung alles richtigmachen kann. Ich werde ihn aber vermutlich doch des Öfteren anrufen.

Da mir meine Gattin unseren Griller nicht zur „Wertsteigerung“ zur Verfügung stellt, um ihn in eine Esse umzufunktionieren, habe ich mich für den Bau einer Ziegelesse entschieden. Leider ist gleich zu Beginn ein Malheur passiert: Zwei Steine sind, so scheint es, beim Transport in der Mitte zerbrochen. Ich denke aber, dass das nicht viel ausmachen wird. Die Ziegelsteine sind richtig aufgestellt, die notwendigen Bohrungen für das Belüftungsrohr sind schnell erledigt, Werkzeug ist ja genug vorhanden. Nun stören mich die beiden blöden Risse aber doch. Unter den mitleidigen Blicken meiner Veronika springe ich in ihr Auto und bin auf dem Weg zum nächsten Baumarkt.

13 Uhr: Gestärkt von einem wunderbaren Mittagessen geht es nun endgültig los. Die Esse ist vor der Garage aufgebaut, die zwei kaputten Steine sind ersetzt, die Luftzulei-

tung ist montiert, der Fön angeschlossen, die Holzkohle brennt. Da sich der Rundstahl langsam erwärmen soll, ist er bereits in der Esse.

Warten, immer noch warten, geht doch etwas langsamer als mit der Profi-Esse in der Schmiede. Großes Problem: Habe nicht daran gedacht, dass ich im hellen Tageslicht die Glühfarben überhaupt nicht erkennen kann. Ich brauche einen neuen Plan. Da fällt mir auch schon die Lösung ein. Ich hoffe nur, dass unser neuer Sonnenschirm nicht sonderlich hitzeempfindlich ist. Die Blicke von Veronika verändern sich langsam von mitleidig zu skeptisch beziehungsweise verärgert. Ich hasse Zuseher, aber es funktioniert.

Nach ungefähr einer halben Stunde denke ich, dass nun die richtige Schmiedetemperatur erreicht ist. Ich eile mit meinem heißen Stahlstück in die abgedunkelte Garage, nur um an der Glühfarbe zu erkennen, dass es noch zu kalt ist. Also wieder zurück in die Esse mit dem Stahl.

Plan B: Der Amboss muss näher zur Esse. Abhilfe gegen das Licht verschafft mir eine alte blickdichte Militärplane. (Wie gut, dass ich mich der Order meiner Frau, diese zu entsorgen, widersetzt habe. Man kann alles irgendwann einmal wieder brauchen.) Dekorativ über den Sonnenschirm drapiert verschafft sie mir das notwendige Dämmerlicht, um die richtige Glühfarbe zu beurteilen.

Es ist jetzt 15 Uhr. Ich schmiede seit einer Stunde und verstehe jetzt, warum mein Lehrmeister milde gelächelt hat, als ich ihm von meiner Idee erzählte, zu Hause selbst ein

© gemeinfrei (CC0))

Messer schmieden zu wollen. Einen Elektrohammer, einen Elektrohammer, ein Königreich für einen Elektrohammer, so klingt es in meinem Kopf, etwas abgewandelt aus Shakespeares „Richard III.“. Ich werde mich aber hüten, eine diesbezügliche Andeutung zu machen, das wäre wohl die endgültige Kapitulation. Auch so nimmt mein Rundstahl langsam, aber stetig eine flache Form an. Das war es für heute, ich bin fix und fertig, ich kann nicht mehr.

TAG 2

Pause. Muskelkater. Kann gerade noch den Stift halten, um meine Gedanken auf Papier zu bringen. Mindestens genauso schmerzhaft sind die spöttischen Blicke meines Eheweibes, das mir wiederholt erklärt, dass man Messer heutzutage auch kaufen könne. Was weiß die denn schon von einem Mann und seinen Träumen!

TAG 3

Auf geht's! Die Kohle erreicht langsam die richtige Temperatur, der Fön hat seine Zweckentfremdung bis jetzt ganz gut überstanden, und siehe da, mein Rohling nimmt langsam, aber sicher seine vorbestimmte Form an.

Mittagspause. Eigentlich bin ich ja auf Anraten meines Arztes auf Diät gesetzt, aber heute wird es kein „Hasenfutter“, heute muss es was Deftiges sein. Freue mich schon auf den Schweinebraten mit Knödel und Sauerkraut. Das Bier lasse ich aus, ich muss ja noch weiterarbeiten. Die Belohnung kommt am Abend.

17 Uhr: Es ist geschafft, vor mir liegt ein durchaus vorzeigbarer Klingenrohling, vorzeigbar im wahrsten Sinne des Wortes, da ich ihn natürlich sofort meiner Frau und den beiden Nachbarn vorführten muss. Ihr Lob und ihre Bewunderung sind Balsam auf meinen schmerzenden Muskeln und leidgeprüften Händen.

Anschließend folgt die telefonische Erfolgsmeldung an meinen „Sensei“, wie man in Japan sagt. Und da kommt auch schon die kalte Dusche. Er nennt mich einen Deppen und erzählt mir etwas von einer Lufthärtung, die er mir lang und breit erklärt habe. Ach ja, da war doch noch etwas, oder, wie es so schön heißt: „Wie war das nochmal im Mittelteil?“ Ich rase zurück an meine Esse, winke ungnädig eine Frage meiner Holden nach ihrem Parkplatz („In meiner Schmiede?!“) ab, entfache das Feuer neu, lege den Klingenrohling wieder hinein und hoffe das Beste.

TAG 4

Die letzte Besprechung in der Firma ist endlich vorbei, ich kann wieder zurück in meine Schmiede.

Gerhard meinte am Telefon, ich solle ausprobieren, ob ich meinen Klingenrohling im Griffbereich – das hat er dreimal wiederholt, was soll ich mir da denken? – mit einem gewöhnlichen HSS-Bohrer anbohren kann. Sollte das gelingen, hätte ich meinen Rohling erfolgreich wärmebehandelt bzw. weichgeglüht. Nach unserem letzten Gespräch habe ich diesbezüglich allerdings Bedenken.

Fünf Minuten später ist die Katastrophe perfekt. Mein armer Bohrer kreischt und quietscht in höchsten Tönen, aber es zeigt sich nicht einmal der Ansatz eines Loches. Wunderbar, mein erstes Härten hat wunderbar geklappt, aber leider zum falschen Zeitpunkt. Was tun?

Nach dem Griff zum Telefon und der blöden Frage meiner Frau, ob ich denn nicht noch einen Schmiedekurs möchte, rufe ich Gerhard an. Ich berichte ihm, was die Probebohrung ergeben hat. Er ist wahrlich ein perfekter Kursleiter, denn er wahrt problemlos die Fassung, vielleicht bis auf einen kleinen mitleidigen Unterton, den ich zu hören glaube. Es gebe nun zwei Möglichkeiten: 1. Ganz viel Holzkohle, Klinge darin deponieren, mit Ziegelsteinen abdecken, warten und hoffen. 2. Die Möglichkeit für Feiglinge: Ich bringe Gerhard den Klingenrohling, damit er ihn in seinen Hightechgeräten weichglüht. Eine verachtenswerte Variante!

Meine einzige Antwort: „Ich bin in einer Stunde bei dir."

TAG 5

Habe mir Urlaub genommen, offiziell: Großmutter ist krank. Und jetzt geht es ans Eingemachte.

Zuerst wird mit einer Schruppscheibe im Winkelschleifer der ganze Zunder vom Schmieden entfernt. Jetzt geht es ans Planschleifen. Mache ich mit meiner Bandschleifmaschine. Beide Flächen müssen annähernd parallel zueinander sein, und das möglichst ohne „Buckeln", Löcher und ähnliche Unebenheiten.

Liebe Leute, das ist mit meiner „Zwutschkerl-Maschine" wirklich kein Kindergeburtstag, aber es muss sein, und nach gefühlten zwei Stunden am Schleifgerät sieht es annähernd vernünftig aus. Nun ist der kreative Geist gefragt, das gelingt hoffentlich besser als das Weichglühen. Jetzt kommt der neu erworbene Bandschleifer zum Einsatz. Die Form meines Holzmodells ist mittels Permanentstift auf den Klingenrohling übertragen, los geht's mit dem Schleifen, und nach einigen schmutzigen Stunden, ich glaube es ja kaum, wird es tatsächlich ein Messer!

Die Schneidfasen sind zweifellos und leider Gottes nicht so schön und gleichmäßig wie erhofft. Es ist halt schon ein Unterschied, ob man während des Kurses auf Profigeräten mit einstellbaren Schleiflehren arbeitet oder das Ganze freihändig bearbeiten muss. Was mir absolut nicht gelingen will, ist das verfluchte Ricasso. Ich treffe eine Entscheidung. Nein, ihr Nihilisten, ich fahre nicht schon wieder zum Meister! Ich werde einen Zentimeter meines groß genug bemessenen Griffes opfern und die Schneidfase um diesen Zentimeter nach hinten verlegen. Dadurch habe ich die Chance, das blöde Ricasso ansehnlich hinzubekommen.

Da ich ja lernfähig bin, bastele ich mir eine recht primitive, aber dennoch funktionelle Schleifführung. Ein Vierkantholz, unterlegt mit mehreren Aluminiumleisten, diese verschraubt, ermöglicht es mir, einigermaßen im gleichbleibenden Winkel das Ricasso auszuschleifen. Nach getaner Arbeit immer noch nicht perfekt, aber besser als zuvor. Jetzt werden die Flanken der Klinge aufpoliert und von Kratzern befreit. Ich kann mich noch erinnern, dass das vor dem Härten besonders wichtig ist. Der Faktor ist zeitmäßig eins zu drei vor und nach dem Härten. Langsam fallen mir die Arme ab, es ist äußerst mühselig.

So, jetzt reicht es, ich werde – Mut kann man sich nicht kaufen – das ganze Procedere abkürzen, indem ich eine feine Fächerscheibe in meine Winkelschleifmaschine einspanne und diese elendige Kratzerei, „Schleifen" sagt der Fachmann, auf ein Minimum reduziere.

Zehn Minuten später. Jetzt bin ich knapp davor, Amok zu laufen, und in diesem Moment kommt Veronika mit einer Kanne Kaffee und fragt mich, wie es denn so laufe. Ich spare mir die Antwort. Ob meines Gesichtsausdruckes verlässt sie wortlos den Ort des Schreckens. Leider hat sie auch den Kaffee wieder mitgenommen. Ich habe die Längskratzer durch meine „geniale“ Idee in halbrunde Querkratzer verwandelt. Also wieder zurück auf Start, Schleifleinen los.

Drei Stunden später. Noch weit vom erträumten Spiegelglanzfinish entfernt, wird es doch langsam ansehnlich. Poliert habe ich nur den Klingenbereich, unter dem Griff sieht man ja eh nichts. So, Schluss für heute, freue mich auf ein gutes Glaserl Wein.

TAG 6

Ich gestehe, das Härten ist eines meiner Angstthemen. Warum? Das ist leicht erklärt. Wenn ich mich beim Schmieden mit der Glühfarbe irre, ist der Schaden überschaubar. Die Klinge zurück in die Esse, auf ein Neues. Beim Härten sieht das ganz anders aus. Habe ich hier die Glühfarbe falsch interpretiert, bin ich der Besitzer einer mangelhaft gehärteten Klinge. Ich kann mein Werkstück nicht unbegrenzte Male neu härten, da das Gefüge zu grobkörnig wird. Aus diesem Grund verlege ich den ganzen Härtungsprozess in die Abendstunden.

Alles ist vorbereitet. Die Holzkohle nimmt „Farbe“ an. Zehn Liter Härteöl, das klingt aufsehenerregend, ist aber nur das Speiseöl aus der Vorratskammer meiner Frau. Sie wird es höchstwahrscheinlich nicht zurückhaben wollen. Das Öl eingefüllt in ein PVC-Rohr aus dem Baumarkt, hoch genug, um die ganze Klinge eintauchen zu können, eine Zange, alte Baumwolltücher und eine sehr gute, teure Feile zur Härteprüfung stehen für den Einsatz bereit.

Ich lege die Klinge in die heiße Esse. Oh Schreck, ich Depp habe vergessen, die Löcher für die Griffe zu bohren! Sofort nehme ich die Klinge hektisch wieder aus der Glut und lege mein Meisterwerk zum Abkühlen auf den kalten Amboss. Puh! Es ist nochmal gut gegangen. Vor einer Woche, während meines Schmiedekurses, habe ich noch milde gelächelt, als mir geraten wurde, eine Checkliste anzulegen.

So, ab jetzt werden keine gedankenlosen Fehler mehr gemacht. Ich hole die Befestigungspins für den Griff hervor und messe mit einer Schiebelehre den Durchmesser meines Rundmaterials. Mit dem entsprechenden Bohrer werden die Löcher gebohrt. Auf ein Neues, ab ins Feuer.

Eine knappe Viertelstunde später ist das Wunder vollbracht. Die Klinge ist gehärtet, und das Beste ist: Sie hat sich nicht verzogen! Härteprüfung mit der Feile bestanden, endlich ein Erfolgserlebnis. Ich lege die gehärtete Klinge mit dem Lächeln des Siegers auf den Amboss und ziehe mir glücklich seufzend, so habe ich es in der Schmiede gesehen, die noch nagelneue Schmiedeschürze aus. Ich werde mir ein Siegerbier gönnen.

TAG 7

Heute will ich fertig werden. Arbeitsbeginn: 7:30 Uhr (ja, in der Früh!).

Etwas mieselsüchtig betrachte ich nun die nach dem Härten wieder schwarz gewordene Klinge. Sie war schon so schön blank. Als erster Punkt auf der Agenda wird die Schneidfase mit dem Bandschleifer und mit meiner genialen Erfindung, der hölzernen Schleiflehre, abgetragen, bis langsam eine „echte“ Schneide entsteht. Die Flanken bringe ich wieder auf Hochglanz, geht im Übrigen ganz zügig. Wie gut, dass ich so sorgfältige Vorarbeit geleistet habe. Noch eine Stunde für den Klingenrücken, da habe ich doch tatsächlich einige Kanten und Narben übersehen.

Nach mehreren Versuchen hebt mein Kursleiter endlich das Telefon ab; ich muss doch angeben und mich ein wenig loben lassen. Und jetzt, ja, erst jetzt kommt die süße Qual der Wahl: Wird es ein Griff aus Holz oder aus Glasfaserverbundmaterial? Nach längerem Hin und Her wird der Sieger gekürt. Ich habe mich für das Holz entschieden.

An diesem Punkt endet allerdings meine Hightech-Werkzeugausrüstung. Ich schneide die angezeichneten Holzblöcke mühsam mit einem Fuchsschwanz zu. Die ausgeschnittenen Griffschalen werden auf der Klinge festgeklemmt und die Löcher auf der Klinge auf das Holz übertragen. Das passiert zweimal. Passend zur Farbe des Holzes habe ich mich für Messingpins entschieden, und nun werden zum allerersten Mal die noch unfertigen Griffe mittels der Pins auf der Klinge montiert. Jetzt kann ich mir schon mal vorstellen, wie das fertige Messer aussehen könnte.

Ich bin verliebt. Das hat zur Folge, dass ich mein noch unfertiges Messer unbedacht und spontan meiner Veronika zeige. Ihr Blick sagt alles. Sie meint, doch sehr herablassend, „so etwas“ finde man des Öfteren bei Durchsuchungen im Gefängnis. Das tut wirklich weh. Vermutlich hat sie das Fehlen des Öls bemerkt und ist deshalb nicht gut auf mich zu sprechen. Mit hängendem Kopf verziehe ich mich in die Garage.

Nun wird der Griff angepasst. Ich belasse zu diesem Zweck die beiden Griffschalen auf der Klinge und eile zu meinem Bandschleifgerät. Beim Schleifen bemerke ich erstaunlicherweise, dass ich überhaupt keinen Schimmer habe, wie denn mein Griff, der selbstredend innovativ, fantastisch und außergewöhnlich werden muss, aussehen soll. Wie gut, dass mir meine mich liebende Ehefrau ein Abo für Messermagazine geschenkt hat. Schnell werden die Hefte hervorgeholt, was an sich keine so hervorragende Idee war, und da fällt mir schon wieder ein Zitat ein: „Da steh ich nun, ich armer Tor, und bin so klug als wie zuvor“.

Ein Geistesblitz. Ich weiß mir zu helfen. Mein Nachbar, der Tierarzt, ist ja auch Jäger. Ich werde mir eines seiner hoffentlich zahlreichen Jagdmesser ausborgen und den Griff studieren – oder eher kopieren. Eine grandiose Idee. Ein Messer hat als Griff ein Gamsgeweih, das nächste den „Haxen“ eines Rehs (Vorderlauf, wie ich belehrt werde), das dritte und leider auch das letzte einen gelben Kunststoffgriff, genauso wie eines unserer Küchenmesser. Natürlich ging es auch nicht ohne Jagdgeschichten ab.

Endlich bin ich wieder in meiner Werkstattgarage und beginne mit dem Schleifen. Man glaubt es kaum, der Griff strebt seiner endgültigen Form entgegen. Das vorläufige Finish erfolgt durch fleißigen Einsatz von immer feinkörniger werdendem Schmirgelpapier. Fast war ich schon versucht, ein Spezialöl aufzutragen, um mich an der herrlichen Maserung des Holzes zu weiden, da fällt mir ein Versprechen ein, keine dämlichen Fehler mehr zu machen. Klebstoff und Öl sind keine guten Freunde.

Endlich kleben, ich kann die Ziellinie sehen. Zuerst müssen alle zu klebenden Teile gründlich mit Aceton entfettet werden. Nun kommt der entscheidende Test, ob auch alle Komponenten friktionsfrei zueinander passen, das ist ganz wichtig. Um mich ja nicht zu irren, markiere ich die beiden Griffschalen innen groß mit „L“ und „R“, damit ich nicht links und rechts verwechsle. Jetzt wird es ernst. Ich ziehe mir meine Gummihandschuhe über und fühle mich wie Doktor Frankenstein.

Ein Déjà-vu: Veronika kommt mit einer Kanne Kaffee in der Hand zur mir in die Garage, dreht sich wortlos um und geht. Wieder hat sie den Kaffee mitgenommen. Kopfschüttelnd greife ich zum Zweikomponentenkleber und rühre vorsichtig eine ausreichende Menge an. Mit einem kleinen Spatel verteile ich den Klebstoff auf allen relevanten Teilen. Nun wird, welch ein Nervenkitzel, alles passend zusammengefügt. Geschwind mit Schraubzwingen fixiert, heißt es nunmehr warten, bis der Klebstoff ausgehärtet ist. Während der Wartezeit hole ich mir jetzt doch einen Kaffee. Allein, es hält mich nicht in der Küche. Was ist, wenn es doch schneller trocknet? Das geschieht selbstverständlich nicht, da ist der Wunsch der Vater des Gedankens.

Aber jetzt ist es so weit. Der Griff sitzt bombenfest. Blöd ist nur, dass ich zu viel Kleber aufgetragen habe, der überall hervorquillt. Das Entfernen am Griff ist kein Problem, der wird ja eh noch abgeschliffen, nur am vorderen Ende des Griffes, Richtung Klinge, ist es doch ein Ärgernis. Da kann ich nicht schleifen, ohne den polierten Klingenstahl zu zerkratzen.

Ich habe die Lösung bereits in petto. Gut, dass ich so gern Eis am Stiel verzehre und meiner Sammelleidenschaft bezüglich der Holzstäbchen nachgegeben habe. Unter Zuhilfenahme dieser kleinen Helfer lässt sich auch dort der überschüssige Klebstoff restlos und vor allem metallschonend entfernen. Was jetzt noch fehlt, ist der endgültige Ölschliff – ja, jetzt darf ich das Öl endlich verwenden – und das Schärfen der Schneide. Das Pflegeöl trage ich mit einem weichen Baumwolltuch auf und „massiere“ es anschließend mit einer rotierenden Sisalbürste, aufgesteckt an der Bohrmaschine, ein. Sieht wirklich atemberaubend aus. Die Maserung kommt voll zur Geltung.

Als wirklich letzter Schritt bekommt die Klinge ihre endgültige und hoffentlich lang anhaltende Schärfe. Wie mache ich das? Soll ich es wagen? Ich suche nach meinem japanischen Wasserschleifstein, der noch originalverpackt und schon angestaubt seiner wahren Bestimmung harrt. Und wie geht das genau? Das wird mir doch sicherlich das Internet verraten. Eine Stunde und etliche Videos, die teilweise sehr widersprüchlich sind, später gehe ich ans Werk. Der Stein wird gewässert, dann geht es los. Ich mache naturgemäß alles richtig, der Schleifwinkel wird exakt eingehalten, Schleifschlamm bildet sich, und siehe da, die Klinge bleibt stumpf. Blödes Internet. Das war dann wohl nichts. Ich werde das Schleifen üben, aber definitiv nicht heute. Ich brauche eine akzeptable Lösung. (Nix mit klassischer japanischer Schleifkunst.)

Ich frage jemanden, der es wissen muss, wie ich – ja, ich will es selbst machen – mein Messer scharf bekomme. Kurz angemerkt: Ich habe so nebenbei gleich noch einen Wassersteinschleifkurs gebucht. Eine schnelle Lösung verspricht für uns Normalsterbliche ein Schleifgerät mit v-förmig angeordneten Schleifstäben. Wie wunderbar, dass dieses Gerät in einem Geschäft in Wien lagernd ist, meine geliebte Frau noch in der Ordination verweilt und sicher nichts dagegen hat, in der Rushhour in den 1. Wiener Gemeindebezirk zu fahren, um die Schärfvorrichtung für mich zu erstehen. Ich kann mir ihre Freude darüber am Telefon anhören. „Das wird nicht billig", und damit ist nicht das Schleifgerät gemeint. Nach einer dreistündigen Wartezeit ist sie endlich zu Hause. Ich halte die Lösung für mein Schleifproblem in Händen. Hätte ich das alles schon vorher gewusst, wäre ich nicht so zeitig aufgestanden.

Das Fazit, zehn Minuten später: Es funktioniert. Das Messer ist fertig und schneidet. Mit stolzgeschwellter Brust betrete ich die Küche und zeige das Ergebnis der letzten sieben Tage vor. Veronika, diese Pragmatikerin, nimmt mir das Messer aus der Hand und testet es sogleich an einer viel zu harten, da noch nicht ganz roten Tomate. Der Test ist erfolgreich. Sie reicht mir das Messer mit einem einzigen Wort zurück: „Erstaunlich!" Ich nehme es als Kompliment und eile weiter zum Nachbarn. Dort erhalte ich endlich von Mann zu Mann das mir zustehende Lob. Am besten gefällt mir der Satz: „Geh Fredl, mach mir doch bei Gelegenheit auch so ein Ding!" Ein wahrer Messerkenner.

Zufrieden sitze ich nun in meinem Lieblingssessel und lasse das Ganze bei einem guten Glas Pinot Grigio Revue passieren. Ich habe schon einen neuen Plan. Diesmal muss es Damast sein.

SCHLUSSWORT

Ein Werk, geschaffen mit eigener Hände Kraft und Geschick. Das Faszinierendste daran mag jedoch sein, dass wir etwas vollbracht haben, das den Schmied überdauern wird. Wenn wir in Hunderten von Jahren schon längst der Vergangenheit angehören, schon längst verschwunden sind, wird es noch immer Zeugnis ablegen von uns und unserer Leidenschaft.

Ist das Ende dieses Buches vielleicht auch ein Anfang?

Haben Sie etwas an Ihrer Klinge entdeckt, das man noch besser machen könnte? Ein toller Griff aus exotischem Material, Griffbacken aus Messing, Mosaikpins ... Wenn dem so wäre, wäre ich sehr zufrieden.

Ich biete Ihnen, liebe Leserschaft, an, mich auf meiner Website zu besuchen, mir ein Mail zu schreiben oder mich anzurufen. Ich weiß jegliches Feedback zu schätzen. Bitte sagen Sie mir, was Ihnen gefallen hat oder auch nicht.

Lassen Sie uns über Ihr neues Projekt plaudern.

Es würde mich freuen.

Gerhard Zeilinger

Klingenschmied
Website: www.messerschmiede-zeilinger.at
eMail: office@messerschmiede-zeilinger.at
Mobiltelefon: + 43 676 572 60 72

SICHERHEITSHINWEISE

Ich möchte Sie an dieser Stelle nicht wie in der Schule mit erhobenem Zeigefinger auf die Inhalte des neuesten Sicherheitskataloges der Allgemeinen Unfallversicherungsanstalt hinweisen; wir sind erwachsene Menschen und gehören einer vernunftbegabten Spezies an.

Dennoch: Wir hantieren mit 1000 °C heißem Stahl, elektrisch betriebenen Gerätschaften, scharfen Klingen. Schalten wir doch einfach unseren Hausverstand ein!

Wenn wir mit offenem Feuer arbeiten, sollte ein Feuerlöscher griffbereit sein.

Bitte keine Maschinen zweckentfremden. Eine irgendwie in einen Schraubstock eingespannte Bohrmaschine wird dadurch nicht zu einer Schleifmaschine, und eine Parkettschleifmaschine eignet sich auch nicht wirklich zum Metallschleifen.

Eine alte Baumwollhose, mundartlich „Jeans“ genannt, ein Shirt oder Hemd, alles nicht leicht entflammbar, festes Schuhwerk, Handschuhe sowie eine Schutzbrille sind beim Schmieden und Hantieren anzuraten.

Immer griffbereit: Pflaster und Brandsalbe, getreu dem Motto: „Was man hat, braucht man nicht!“

Für ein erschöpfendes Angebot an Arbeitsschutz- und Sicherheitsrichtlinien der jeweils zuständigen Länderbehörden sei weiters auf das Internet verwiesen.

BEZUGSQUELLENVERZEICHNIS

Schanz Messer
Inh. Jürgen Schanz, Schneidwerkzeugmechanikermeister
Karlsfeldstrasse 13
76297 Stutensee
Deutschland
www.schanz-shop.de

Der kleine Messerladen
Inh. Uwe Dostert
Allensteiner Str. 45
56566 Neuwied
Deutschland
www.der-kleine-messerladen.de

Messerschmiede Gobec OG
Weinserstraße 42
3681 Hofamt Priel
Österreich
www.gobec.at

Feines Holz
Inh. Ulf Henke
Plauener Str. 163–165 / Haus K
13053 Berlin
Deutschland
www.feinesholz.de

Nordisches Handwerk e.K.
Inh. Janet Fischer
Carl-Gauß-Str. 3 b
23562 Lübeck
Deutschland
www.nordisches-handwerk.de

Angele Technik oHG
Ringstraße 25
88416 Ochsenhausen
Deutschland
www.angele.de

Balbachdamast GmbH & Co. KG
Heinrich-Wörner-Str. 1–3
35789 Weilmünster
Deutschland
www.balbachdamast.com

WEITERFÜHRENDE LITERATUR IN AUSWAHL

Håvard Bergland: Die Kunst des Schmiedens. Das große Lehrbuch der traditionellen Technik, Bruckmühl 2004.

Karl Gissing: Das Buch vom Schmieden. Alle Techniken!, Graz u. Stuttgart 2016.

Günter Gottstein: Physikalische Grundlagen der Materialkunde, 3. Aufl., Berlin, Heidelberg u. New York 2007.

Hans Paul Hougardy: Umwandlung und Gefüge unlegierter Stähle. Eine Einführung, 2., neubearb. Aufl., Düsseldorf 2003.

Volker Läpple: Wärmebehandlung des Stahls, 12., akt. u. erw. Aufl., Haan-Gruiten 2020.

Roman Landes: Messerklingen und Stahl. Technologische Betrachtung von Messerschneiden, 2., vollst. überarb. Aufl., Bruckmühl 2006.

John D. Verhoeven: Stahl-Metallurgie für Einsteiger. Komplizierte Zusammenhänge verständlich erklärt, Bad Aibling 2013.

Aus unserem Programm

ISBN 978-3-7020-1594-7

Aus unserem Programm

ISBN 978-3-7020-1801-6

Leopold Stocker Verlag
Graz – Stuttgart
www.stocker-verlag.com

Aus unserem Programm

ISBN 978-3-7020-1466-7

Leopold Stocker Verlag
Graz – Stuttgart
www.stocker-verlag.com